「食品」の安全と信頼をめざして

改訂8版

# 食品表示検定

## 認定テキスト・初級

一般社団法人 食品表示検定協会 編著

# はじめに

食品表示制度は、食品衛生法、JAS法及び健康増進法の食品表示に関する規定を統合して食品の表示に関する包括的で一元的な制度を創設し、消費者、事業者双方にとってわかりやすい表示を目指すものです。こうした目的を具体化したものが内閣府令として定められる食品表示基準です。

しかしながら、食品は多様であり、摂取する際の安全性の確保や食品の選択の確保のための情報は食品ごとに異なっています。このため、食品表示の一元化がなされても、すべての食品の表示事項を統一することはできませんでした。食品ごとに異なる表示事項は、横断的義務表示とは別に個別的義務表示として食品表示基準 別表にまとめられています。食品表示基準には栄養成分表示や原料原産地表示の基準なども含まれるため、印刷物にすると300ページを超えるボリュームになります。

2022年の改訂7版発行後、改訂8版となる本テキスト発行までの間に、遺伝子組換え表示の対象農産物への「からしな」の追加、特定遺伝子組換え農産物の形質から「高オレイン酸」の削除及び「EPA産生」「DHA産生」の追加、くるみの特定原材料への追加が行われました。さらに、通知「食品表示基準について」では、乳児用規格適用食品である旨の表示の方法が、また、Q&Aでは、しいたけの菌床栽培の原産地表示の方法、食品添加物の不使用表示ガイドラインなどが公表されました。通知やQ&Aも食品表示基準と同様あるいはそれ以上のボリュームがあります。

表示を理解し、表示ミスをなくすためには、食品表示基準を参照するだけでは十分ではなく、通知やQ&Aも参照する必要がありますが、消費者や事業者にとって負担は小さくありません。

本テキストは、食品別に表示事例を示すとともに注意点を記載し、法令に係る詳しい知識がなくても最新の表示制度の基本が理解できるよう構成しています。食品表示検定は、このテキストを基本に、現場でミスを犯しやすい事項も配慮して出題を考えています。

本テキストが読者の方々の知識向上に役立ち、表示の理解促進、表示ミス防止につながることを期待しています。

一般社団法人 食品表示検定協会

理事長　湯川剛一郎

目次

## 第3章 加工食品の表示



## 第4章 いろいろな食品表示の例

## 第5章 その他の食品表示やマーク



## 第6章 私たちの食生活について考える



## 資料編

## この本の使い方

●本書は、一般社団法人 食品表示検定協会が主催する「食品表示検定・初級」向けの協会認定テキストとして作成したものです。食品表示についての考え方を学ぶためのものであり、食品メーカーやスーパー等での食品表示ラベル作成のためのマニュアルではありません。実際に食品表示ラベルを作成される際は、関連する法律や基準等の最新版を入手の上、各法律の表示担当機関にご確認ください（法律・基準の内容は、特別な年月日の記載がない場合は2023年10月1日現在の内容に基づいています）。

●本書で触れている食品表示に関する法令の内容は、一部抜粋したものであり、各法律の全内容を解説しているものではありません。また、わかりやすさを優先しているため、法令の用語をそのまま使用していない場合もあります。

●食品表示ラベルの実例は、食品表示の知識を学ぶことを目的として一般的な事例を採用しています。ただし別記様式枠外へ表示すべき内容については、紙面の都合上、一般的な表示位置とは異なる場合がありますのでご注意ください。また、例示した表示が必ずしも「推奨される表示」とは限りませんのでご了解ください。

●栄養成分表示については、すべての加工食品に義務付けられていますが、原則として表示を掲載していません。また、米トレーサビリティ法による産地情報の伝達については、別記様式枠外に表示することも可能なため、本文中の表示例では省略している場合があります。

●学習のために、食品表示例に太文字、下線等で内容を強調したものがありますが、実際の食品表示にはありません。あくまでも学習用に付加したものです。

●索引を付けていますので、知りたい項目を探す際にご活用ください。

●本書について修正情報がある場合は、協会ホームページに掲載いたします。

○本書に関するご意見・ご質問は、以下の宛先まで書面、又はお問い合わせフォームよりお願いいたします（電話でのお問い合わせにはお答えいたしかねますのでご了承ください）。
○個別の商品の表示等、本書の記述を超えた内容のご質問には回答できません。

一般社団法人 食品表示検定協会
〒103-0004　東京都中央区東日本橋3丁目12-2　清和ビル5階
▪ホームページ：https://www.shokuhyoji.jp
▪お問い合わせフォーム：https://www.shokuhyoji.jp/contact/

**●実際の商品の表示に関することは、お近くの保健所や消費者庁（食品表示企画課）にお問い合わせください。　消費者庁：03-3507-8800（代表）**

食品表示検定協会

# 食品表示検定について

後援：一般社団法人 日本農林規格協会（JAS 協会）
　　：日本チェーンストア協会

## 食品表示は消費者と事業者との信頼の架け橋です

食品表示は、消費者にとってその商品の品質を判断し購入する上で、貴重な情報源となっています。また、食品に関わる事業者は常に、安全・安心な食品を提供することが求められており、正しい食品情報を消費者に伝える上で、食品表示は重要な役割を果たしています。

生産者、食品メーカー、小売業者、消費者まで含めた、幅広い分野の皆さんに、食品表示の知識を習得する機会として「食品表示検定」を活用していただきたいと考えています。

### 【各級の概要】

初級と中級は、どちらからでも受験していただけます。なお、上級は中級合格者の方が対象です。

**初級**

〈対象者〉
・食品表示を理解し、商品を選択したい消費者の方
・商品の生産、製造、流通に携わり、食品表示の基本を知りたい方（学生、販売員、販売パートの方など）
〈メリット〉
・食品表示の基礎知識を得ることができ、安心・安全な食品を選択する目を養える。
・販売などの実際の業務の場で知識を役立てることができる。

**中級**

〈対象者〉
・食品表示の知識が必要とされる、生産、製造、流通の現場の方（品質管理部門員、販売部門員の方など）
〈メリット〉
・食品表示に関するお客様からの質問に的確に答えられるようになる。
・食品表示に関する専門的な知識を得て、業務に活かすことができる。

**上級**

〈対象者〉
・中級合格者の方が対象です。
・食品表示を食品の生産、製造、流通において責任を持って業務を行う方（品質管理部門責任者、販売部門責任者の方など）
〈メリット〉
・食品表示に責任を持ち業務を実施することができる。
・食品表示の不備等があった場合、的確な対応をすることができる。
・社内資格制度、昇格制度の要件の１つとすることができる。

# 食品表示検定・初級のご案内

## 試験概要

| | |
|---|---|
| 実施時期 | 年２回、６月と 11 月を目処に実施しています。 |
| 受験資格 | 年齢・資格などは問いません。<br>食品表示を理解し、商品を選択したい消費者の方や、食品の生産、製造、加工、流通に携わる食品表示の初心者の方を中心に幅広く受験いただけます。 |
| 試験内容 | 認定テキストからの基礎知識と、それを理解した上での応用力を問います。 |
| 出題形式 | CBT 方式（PC を利用した試験）による３択又は４択の選択問題です。 |
| 試験時間 | 90 分 |
| 合格基準 | 70 点以上が合格です（100 点満点）。 |
| 試験場所 | 全国 300 か所以上のテストセンターの中から会場を選んで受験できます。 |

受験料、試験日時、試験場所、申込み期間、申込み方法及び試験方法等の詳細は、（一社）食品表示検定協会のホームページでご確認ください。

## お問い合わせ先

| | |
|---|---|
| 主　　催 | 一般社団法人 食品表示検定協会 |
| 住 所 ・<br>連 絡 先 | 〒103-0004　東京都中央区東日本橋３丁目 12-2　清和ビル５階<br>各種お問い合わせは、ホームページ内「お問い合わせ」よりお願いします。<br>https://www.shokuhyoji.jp/contact/ |
| 最新情報 | 検定試験の最新情報は、食品表示検定協会ホームページでご確認ください。<br>**https://www.shokuhyoji.jp** |

上記の記載内容は、2023 年 10 月１日時点のものです。予告なしで変更する場合があります。

# 第1章

# 食品表示は消費者と事業者をつなぐ架け橋

# 1-1 食品表示の目的と役割

## 1 食品表示とは

食品の表示は、消費者にとって、その食品を購入する際に、正しく食品の内容を理解し、選択する上で、なくてはならない情報の宝庫であり、また、生産者、流通業者、消費者をつなぐ重要な役割を果たしています。

消費者は、表示からその製品の名称、原材料、添加物、アレルゲン、保存方法、消費・賞味期限等の情報を読み取ります。それらは、食品を摂取する際の安全性の確保に必要で、かつ商品選択上の判断に影響を及ぼす重要な情報であり、商品を納得して購入するために不可欠なものです。

このため食品には、それぞれ表示しなければならない事項が法令により定められており、表示の責任者である食品関連事業者は、これらに違反すると行政処分や罰則を受けることになります。なお、食品関連事業者とは、食品の製造業者、加工業者（調整や選別をする事業者を含む。）、輸入業者、卸売業者を含む販売業者等のことをいいます。

## 2 さまざまな表示方法

スーパー等の食品売り場の場合、図表１から図表３に示すようなさまざまな食品表示の方法があります。

生鮮食品の食品表示は、ばら売りの場合は商品に近接した場所に図表１のように「立て札」「ポップ」等で表示します。

容器包装されている食品の場合は、容器包装の見やすい箇所にそれぞれの食品に必要な事項をまとめて表示することが原則です。加工食品は図表２のような別記様式、又はそれと同程度にわかりやすい形式（プライスラベル等）で、生鮮食品は図表3のようなプライスラベル等の形式で表示を行います。



### 図表1　立て札、ポップによる生鮮食品表示の例

### 図表2　別記様式による加工食品表示の例

**〈ソーセージの表示例〉**

**加熱食肉製品（加熱後包装）**

| | |
|---|---|
| 名称 | ポークソーセージ（ウインナー） |
| 原材料名 | 豚肉（アメリカ、カナダ）、結着材料（でん粉、植物性たんぱく（小麦・大豆を含む）、乳たんぱく）、食塩、水あめ、香辛料 |
| 添加物 | リン酸塩（Na）、調味料（アミノ酸等）、pH 調整剤、酸化防止剤（ビタミン C）、発色剤（亜硝酸 Na） |
| 内容量 | 150g |
| 賞味期限 | ○○○○．○○．○○ |
| 保存方法 | 10℃以下で保存してください。 |
| 製造者 | ○○ハム株式会社<br>○○県○○市○○町○ー○ー○ |

図表3　プライスラベルによる生鮮食品表示の例

〈国産鶏肉の表示例〉

秋田県産　若鶏もも肉（皮なし）

消費期限
○○．○．○

保存方法
１０℃以下

100g当たり
○○○円

内容量
２００ g

お値段
○○○円（税込）

加工者　株式会社○○スーパー○○店
○○県○○市○○町○－○－○

## 3　食品表示から読み取れる情報とは

一口に「食品表示から情報を読み取る」といっても、具体的にどういう情報を得ることができるのでしょうか？

図表４は、食品表示から得られる情報の一例です。

図表4　食品表示から得られる情報の内容

このように、消費者は食品表示からさまざまな情報を得ることができます。正しく内容を読み取る力を養えば、日常の食生活に活かすことができます。

## 4 食品関連事業者にとっての食品表示の役割

食品表示は、消費者が食品を購入するとき、食品の内容を正しく理解し、選択する際の重要な情報源ですが、その一方で、食品関連事業者にとっても、以下の点から重要な役割を果たしています。

・消費者に商品の安全性を伝えることができる
・消費者に商品の持つ情報を正確に伝えることができる
・問題が起こった際に原因究明や製品回収等の対策を迅速、かつ的確に行うための手掛かりとなる

食品の表示は、「安全」「安心」等を消費者に正しく伝える上で、重要な役割を果たしています。食品関連事業者は、正しくわかりやすい食品表示を通して、消費者との間に信頼関係を築くための努力をしていくことが大切です。

## 5 食品表示法の制定

私たちにとって、安全かつ安心して食品を摂取することは生活の基盤となるものです。「安全」は客観的な尺度で把握され、科学的に検証できるものです。一方、「安心」は、人間の感じる主観的なものであり、言い換えれば「安全が確保できていると感じる状態」ということができます。

私たちの食生活を安全で、かつ安心できるものにするために、さまざまな取り組みがありますが、食品の表示を適正かつわかりやすいものにすることも消費者の食品に対する理解を深め、信頼感を醸成するという点から、その１つととらえることができます。

そういった中で、2009年（平成21年）に消費者庁が設置され、食品表示行政を一元的に担うこととなりました。それを契機として、それまで別々の省庁で所管されていた食品衛生法、JAS法、健康増進法の３つの法律のうち、食品表示に関する分野を一元化した「食品表示法」が制定され、2015年（平成27年）４月１日から施行されました。これにあわせて関連法が改正されるとともに

に、表示の具体的なルールを定めた内閣府令「食品表示基準」が制定されました。

その後「食品表示基準」は、原料原産地表示に関する改正、特定原材料へのくるみの追加（2023年（令和5年）3月に施行）、遺伝子組換え食品の表示に関する改正（2023年（令和5年）4月に施行）等、複数の改正が行われています。

このように、食品表示については、今後も改正等が予想されますので、その都度、事業者や消費者は、それらの動向について注視することが必要です。

## 6 安全性に関わる表示事項

食品表示基準によって定められた表示事項のうち、安全性に影響を及ぼす表示事項が、食品表示法に基づく別の内閣府令*により、具体的に定められています。

〈安全性に関わる表示事項の例〉

・名称

・アレルゲン

・消費期限又は賞味期限

・保存の方法

・加熱の必要性

・生食用であるかないかの別

・指定成分等含有食品に関する事項

これらの安全性に影響を及ぼす表示事項に違反した場合は、それ以外の事項に違反した場合とは、罰則や処分の内容が異なります。さらに2018年（平成30年）の食品表示法の一部改正により、食品関連事業者が、これらの表示事項について誤表示や欠落があった製品について自主回収を行う場合、行政機関への届出が義務付けられています。（2021年（令和3年）より施行）

＊「食品表示法第6条第8項に規定するアレルゲン、消費期限、食品を安全に摂取するために加熱を要するかどうかの別その他の食品を摂取する際の安全性に重要な影響を及ぼす事項等を定める内閣府令」

# 1-2 食品表示に関連する法律

## 1 1つの商品の表示には、複数の法律が関係している

食品表示に関する法律は、中心となる「食品表示法」のほかに、以下のような法令が関係しており、食品関連事業者は、これらすべての法令に適合するように表示しなくてはなりません。

・食品衛生法（保存方法の基準等）
・JAS法（有機食品の表示）
・牛トレーサビリティ法（牛肉の表示）
・米トレーサビリティ法（米穀等の表示）
・酒類業組合法（酒類の表示）
・健康増進法（特別用途食品の表示）
・景品表示法（虚偽・誇大な表示の禁止）
・計量法（内容量の表示）
・薬機法（医薬品等との誤認防止）
・資源有効利用促進法（リサイクルのための識別マーク表示）
・地理的表示法
・商標法
・不正競争防止法
・農産物検査法　等

食品には、見やすい箇所に、複数の法律に基づきまとめた表示をします。図表1で具体的に事例を見てみましょう。

## 図表1 米菓の表示例

| | |
|---|---|
| 名称 | 米菓（あられ） |
| 原材料名 | うるち米（国産、米国産）、植物油脂、砂糖、しょうゆ（大豆・小麦を含む）、でん粉 |
| 添加物 | 調味料（アミノ酸等）、カラメル色素 |
| 内容量 | ２００g |
| 賞味期限 | ○○○○．○○．○○ |
| 保存方法 | 直射日光・高温・多湿を避けて常温で保存してください。 |
| 製造者 | 株式会社○○本舗<br>○○県○○市○○町○－○ |

| 栄養成分表示（１００g当たり） | |
|---|---|
| 熱量 | ３８１kcal |
| たんぱく質 | ７．９g |
| 脂質 | １．４g |
| 炭水化物 | ８４．２g |
| 食塩相当量 | １．７g |

| 必要な表示項目 | 食品表示法 | 計量法 | その他法令 |
|---|---|---|---|
| 名称 | ○ | － | － |
| 原材料名 | ○ | － | － |
| アレルギー表示 | ○ | － | － |
| 原料米の産地情報（原料原産地名） | －<br>＊1 | － | 米トレーサビリティ法＊2 |
| 添加物 | ○ | － | － |
| 内容量 | ○ | ○ | － |
| 期限表示 | ○ | － | － |
| 保存方法 | ○ | － | － |
| 原産国名（輸入品の場合） | ○ | － | － |
| 製造者 等＊3 | ○ | ○ | － |
| 栄養成分表示 | ○ | － | － |
| 容器包装の識別マーク | － | － | 資源有効利用促進法 |

＊１　国内で製造又は加工されたすべての加工食品について、原料原産地名の表示が必要ですが、米トレーサビリティ法によって原料米の産地情報の伝達が義務付けられている米菓などの食品については米トレーサビリティ法が優先されます。

＊２　米トレーサビリティ法に基づき、原料米が国産米の場合は、「国産」「国内産」等と表示します。ただし、都道府県名その他一般に知られている地名により表示することができます。外国産の場合は、その「国名」を表示します。

＊３　輸入品の場合、原産国名とともに「製造者」に代わって「輸入者」を表示します。

このように、１つの商品の表示には複数の法律が関わっており、それらをすべて満たすように表示します。

## 2 食品表示に関わる主な法律

食品表示に関わる主な法律とその概略は、以下のとおりです。

**食品表示法（消費者庁）**

目的：食品を摂取する際の安全性の確保及び一般消費者の自主的かつ合理的な食品選択の機会の確保の役割に鑑み、販売の用に供する食品に関する表示の適正を確保する。

対象：食品（食品衛生法に規定する添加物や酒税法に規定する酒類も含むすべての飲食物。ただし、薬機法に規定する医薬品及び医薬部外品は除く。）

〈義務表示事項〉

●名称　●原材料名　●添加物　●アレルゲン　●原料原産地名　●保存の方法　●消費・賞味期限　●食品関連事業者　●栄養成分の量及び熱量　●原産地　●遺伝子組換えに関する事項　等

**食品衛生法（厚生労働省、表示関係は消費者庁）**

目的：食品の安全性の確保のために飲食に起因する衛生上の危害の発生を防止し、もって国民の健康の保護を図ること。

対象：すべての飲食物（ただし、薬機法に規定する医薬品及び医薬部外品は除く。）

食品表示とのかかわり：食品衛生法では、国内で流通する食品等について製造・保存等の基準や規格等を規定し、これに適合しない食品等の販売を禁止しており、食品表示基準の一部の項目は、この規格基準に基づいて制定されている。（使用可能な添加物、一部の食品の保存方法 等）

**JAS法 〈正式名称：日本農林規格等に関する法律〉（農林水産省）**

目的：農林水産分野において、適正かつ合理的な規格を制定し、適正な認証及び試験等の実施を確保することにより、関連産業の発展と消費者利益の保護に寄与する。

食品表示とのかかわり：有機食品の表示、及びJASマーク（任意表示）の表示について

対象：有機JASを遵守して生産されたことを表示する「有機農産物」「有機畜産物」「有機加工食品」及び「有機藻類」。また、各種JASに適合した商品であることを表示する食品及び農林水産品。

〈表示事項〉

「農産物」、「畜産物」及びそれらを原材料とした「加工食品」に有機食品であることを表示する場合は、認証を受けた上で有機JASマークを表示しなければならない。そのほかのJASに適合していることを表示すること自体は事業者の任意であるが、表示する場合はルールに従って表示する。

※有機JASについては、第2章　2－5参照。

**健康増進法（厚生労働省、表示関係は消費者庁）**

目的：国民の栄養の改善その他の国民の健康の増進を図り、国民保健の向上を図る。

食品表示とのかかわり：

・販売に供する食品について、乳児用、幼児用、妊産婦用、病者用等の特別の用途に適する旨の表示（特別用途表示）を行うには、内閣総理大臣から委任を受けた消費者庁長官の許可を受けなければならない。

・広告その他の表示をするときは、健康保持増進効果等について、著しく事実に相違する表示又は著しく人を誤認させるような表示をしてはならない。（誇大表示の禁止）

対象：特別用途食品（病者用食品、妊産婦･授乳婦用粉乳、乳児用調製乳（粉乳、液状乳）、えん下困難者用食品、特定保健用食品）

〈義務表示事項〉

●許可等を受けた商品名　●食品表示基準に基づく表示　●栄養成分量及び熱量　●その他必要事項（特別用途食品マークを含む。）

※特別用途食品については、第５章　５－１参照。

景品表示法**〈正式名称：不当景品類及び不当表示防止法〉（消費者庁）**

目的：虚偽・誇大な表示の禁止により、一般消費者の利益を保護する。

食品表示とのかかわり：一般消費者向けに販売される飲食料品の表示及びその広告活動すべてに対して不当表示を禁止するとともに、公正競争規約を設定する際の根拠法となる。

〈不当表示の禁止〉

優良誤認（商品・サービスの品質、規格その他の内容についての不当表示）

①商品の内容について、実際のものよりも著しく優良であると一般消費者に示す表示

②商品の内容について、事実に相違して競争業者に係るものよりも著しく優良であると一般消費者に示す表示

有利誤認（商品・サービスの価格その他取引条件についての不当表示）

①取引条件について、実際のものよりも取引の相手方に著しく有利であると一般消費者に誤認される表示

②取引条件について、競争業者に係るものよりも取引の相手方に著しく有利であると一般消費者に誤認される表示

〈公正競争規約について〉

公正競争規約とは、事業者又は事業者団体が、消費者庁長官及び公正取引委員会の認定を受けて、表示又は景品類に関する事項について、自主的に設定する業界のルールをいう。

計量法**（経済産業省）**

目的：計量の基準を定め、適正な計量の実施を確保し、もって経済の発展及び文化の向上に寄与すること。

食品表示とのかかわり：計量単位、正確な計量の実施

対象：特定商品（消費者が合理的な商品選択を行うために、一定の誤差（量目公差）の範囲内での計量が義務付けされているもの。非食品も含む。）

〈義務表示事項〉

特定商品：計量して販売する際は量目公差を超えないように計量を行う。

特定商品の一部の商品：密封して販売するときは、その商品の質量や体積、表記者の氏名又は名称及び住所を容器や包装に表示する義務等がある。

※計量法については、第3章　3－6参照。

牛トレーサビリティ法 **〈正式名称：牛の個体識別のための情報の管理及び伝達に関する特別措置法〉（農林水産省）**

目的：牛の個体の識別のための情報の適正な管理及び伝達に関する特別の措置を講ずることにより、牛海綿状脳症のまん延を防止するとともに、牛肉に係る当該個体の識別のための情報の提供を促進し、もって畜産及びその関連産業の健全な発展並びに消費者の利益の増進を図ること。

食品表示とのかかわり：個体識別番号による牛肉に関する情報提供

対象：特定牛肉（国内で生まれ、飼育された牛すべてと、生体のままで日本に輸入し飼育された牛の肉）。国内で飼育された牛の肉でも、レバー等の内臓肉、ひき肉等は対象外。

〈対象事業者〉

畜産業者

販売業者（卸売業者・小売店）

特定料理提供業者（特定料理：焼肉、しゃぶしゃぶ、すき焼き、ステーキ）

〈義務表示事項〉

10桁の個体識別番号

〈表示方法〉

一般消費者向けには、容器包装又は小売店の売場の見やすい場所に個体識別番号を表示する。外食店においても、「特定料理（焼肉、しゃぶしゃぶ、すき焼き、ステーキ）を主として提供している店」においては、個体識別番号をメニューや店内掲示の形で表示する。

※牛トレーサビリティ法については、第１章　１－５参照。

**米トレーサビリティ法〈正式名称：米穀等の取引等に係る情報の記録及び産地情報の伝達に関する法律〉（農林水産省）**

目的：米穀等に関し、食品としての安全性を欠くものの流通を防止し、表示の適正化を図るとともに、米穀等の産地情報の提供を促進し、もって国民の健康の保護、消費者の利益の増進並びに農業及びその関連産業の健全な発展を図ること。

食品表示とのかかわり：米穀等の産地情報の伝達

対象（指定米穀等）：

①米穀（もみ、玄米、精米等）

②米粉、米穀等をひき割したもの、ミール、米粉調製品、米菓生地、米こうじ等

③弁当、おにぎり、米飯を調理したもの、発芽玄米、乾燥米飯等の米飯類（冷凍、レトルト、缶詰等も含む）等

④もち、だんご、米菓、清酒、単式蒸留しょうちゅう、みりん

〈対象事業者〉

米穀事業者（米穀等の生産、販売、輸入、加工、製造、又は提供の事業を行う者。）

〈取引等の記録事項〉

品名、産地、数量、搬出入の年月日、取引先名、搬出入の場所等を記録する。

〈記録の保存期間〉

取引等の記録は紙又は電子媒体で原則３年保存する。

〈義務表示事項〉

米の産地情報

〈伝達方法〉

事業者間では、商品の容器包装又は送り状等の伝票に、その産地を表示する。一般消費者へは外食店では店内掲示やメニュー等で、小売店では商品の容器包装への表示やポップ等で伝達する。また、ホームページや電話による産地情報の提供も認められている。

※米トレーサビリティ法については、第１章　１－５参照。

酒類業組合法**〈正式名称：酒税の保全及び酒類業組合等に関する法律〉（国税庁）**

食品表示とのかかわり：酒類の表示の適正化

対象：酒類　「酒税法」で定義されるアルコール分１度以上の飲料（ビール、発泡酒、清酒、果実酒、焼酎、ウイスキー、ブランデー、リキュール、みりん、粉末酒等）

〈義務表示事項〉

●酒類製造業者の氏名又は名称　●酒類製造業者の製造場の所在地　●内容量（容器の容量）　●酒類の品目　●アルコール分　●酒類の種類に応じた事項（発泡性を有する旨等）等　●「二十歳未満の者の飲酒防止に関する表示基準」により、酒類の容器又は包装に、「20 歳未満の者の飲酒は法律で禁止されている旨」を表示する。●清酒の表示に関しては、「清酒の製法品質表示基準」により、容器又は包装に吟醸酒、純米酒及び本醸造酒の表示ができる条件や、原材料名等の表示事項、原料米の品種名等の任意表示事項及び表示禁止事項が定められている。

〈表示方法〉

日本国内で流通する酒類については、原則として、その容器又は包装の見やすい箇所に、所定の表示事項を表示する。

※酒類の表示については、第４章　４－27 参照。

薬機法**〈正式名称：医薬品、医療機器等の品質、有効性及び安全性の確保等に関する法律〉（厚生労働省）**

食品表示とのかかわり：医薬品と誤認されるおそれのある加工食品及びその広告に対して、効能効果の表示をした場合、取締まりの対象となる。

〈禁止事項〉

食品の原材料に医薬品に該当する成分を使用すること、及びそれに違反した加工食品に対して、「病気の治療又は予防を目的とする効能効果、身体機能の増強・増進を目的とする効能効果」を標ぼうして販売すること。

医薬品と誤認される効能効果の例：「高血圧の人に」「ガン予防に」「疲労回復」「老化防止」「血液浄化」「体質改善」「目の健康に役立つ○○を配合」等

**資源有効利用促進法〈正式名称：資源の有効な利用の促進に関する法律〉（経済産業省）**

食品表示とのかかわり：循環型経済システムの構築を目指すため、表示義務の対象となっている容器包装に分別回収を促進するための識別マークの表示を行う。

対象：飲料・酒類用のスチールやアルミニウム製の缶、飲料・酒類・特定調味料用のペットボトル、プラスチック製容器包装、紙製容器包装

※識別マークについては、第５章　５－４参照。

**地理的表示法〈正式名称：特定農林物資等の名称の保護に関する法律〉（農林水産省）**

概要：特定の産地と品質等の面で結び付きのある農林水産物・食品等の産品の名称を、知的財産として保護する。

対象：食用農林水産物等、政令で指定された非食用農林水産物 13 品目（観賞用植物、工芸農作物など）

食品表示とのかかわり：当該産品の産地が特定できる名称を表示できる。このとき、地理的表示産品であることを証する GI マークを貼付することもできる。

〈事例〉

あおもりカシス、但馬牛、神戸ビーフ、夕張メロンなど

※地理的表示法については、第５章　５－６参照。

商標法（**経済産業省**）

概要：商標を保護することにより、商標が付された商品やサービスの出所を表示する機能、品質を保証する機能及び広告機能を持たせる。

対象：文字、図形、記号、立体的形状若しくは色彩又はこれらの結合、音その他政令で定めるものであって、商品を生産・販売する者がその商品について使用するもの。

食品表示とのかかわり：商標や地域団体商標をブランド名として表示できる。

〈事例〉

関さば、越前がに、丹那牛乳など

## 3 条例・ガイドライン

法律のほかにも、地方自治体が定めた「条例」、国や地方自治体が定めた「ガイドライン」や地方公共団体の条例等で規定された基準に基づく地域特産品認証制度（Eマーク制度）、景品表示法に基づいて各業界が自主的に設定している「公正競争規約」等があります。

「公正競争規約」は、各業界団体に加入している企業が遵守するために定められたものです。「ガイドライン」や「公正競争規約」には法的強制力はありませんが、消費者に正しくわかりやすい情報を伝えるための大切なルールです。

# 1-3 食品表示法に基づく食品表示基準

## 1 食品表示基準の概要

食品表示には、さまざまな法令が関係していますが、中心となるのは食品表示法です。

食品表示法の「食品」とは、すべての飲食物（薬機法に規定する医薬品及び医薬部外品は除く。）をいい、食品衛生法に規定する添加物や酒税法に規定する酒類も含まれます。したがって、酒類を含む飲食物に関わる食品関連事業者は、食品表示法に基づいて表示をすることが義務付けられています。

この食品表示法には、「内閣総理大臣は、内閣府令で（中略）販売の用に供する食品に関する表示の基準を定めなければならない。」とあり、この法に基づいて、具体的な食品表示の内容を定めているのが、「食品表示基準」です。

食品表示基準においては、食品を「加工食品」「生鮮食品」及び「添加物*」に区分し、その販売者を「一般消費者向けの食品を扱う食品関連事業者」「業務用食品を扱う食品関連事業者」及び「食品関連事業者以外の販売者」の３つに区分して、それぞれの表示について規定しています（図表１参照）。

なお、「食品関連事業者以外の販売者」とは、「小学校のバザーで袋詰めのクッキーを販売する保護者」「町内会の祭りで瓶詰めの手作りジャムを販売する町内会の役員」等を指します。この場合も、身体や生命に重大な危害を与えるおそれがある「アレルゲン」「期限表示」「加熱の必要性」等については、表示の義務があります。

＊添加物そのものを販売する場合にも表示が必要となります。

食品表示基準では、食品関連事業者等が表示しなければならない事項とその表示方法を定めています。例えば一般用消費者向けに販売する加工食品（図表１

のコンビニで販売している弁当）においては下記のような事項を、食品表示基準に別記様式として示される様式に従って表示を行います。

①名称

②原材料名（アレルゲン（食物アレルギーの原因となる物質をいう。）や、遺伝子組換え食品に関する情報を含む。）

③添加物

④原料原産地名

⑤内容量

⑥期限表示（このうち消費期限は食品を摂取する際の安全性の判断に資する期限をいう。）

⑦保存の方法

⑧製造者、加工者など食品関連事業者の名称と所在地

⑨栄養成分の量及び熱量

⑩その他（飲食に供する際に加熱を要するかどうかの別、指定成分を含んでいるかどうか等）

**図表1　食品表示基準の体系イメージ**

| | 食品関連事業者 | | 食品関連事業者以外の販売者 |
|---|---|---|---|
| | 一般消費者向け販売 | 業務用として販売 | |
| 加工食品 | 例：コンビニで販売している弁当 | 例：食品工場に販売するしょうゆ | 例：バザー等で販売する手作り焼き菓子 |
| 生鮮食品 | 例：青果店で販売しているレタス | 例：外食店に販売する食肉 | 例：バザー等で販売する家庭菜園の野菜 |
| 添加物 | 例：スーパーで販売している食紅や香料 | 例：製パン店に販売する膨張剤 | 例：バザー等で販売する添加物 |

## 2 加工食品、生鮮食品及び添加物の区分、一般用と業務用の区分

食品表示基準において、食品を取り扱う行為をその内容によって「製造、加工、調整、選別」に区分しています（図表２参照）。そして加工食品の定義は「製造又は加工された食品」とされています。調味や加熱等の処理をしたものが該当します。このうち、「業務用加工食品」は、加工食品のうち、消費者に販売される形態となっているもの以外のものをいいます。

一方、生鮮食品の定義は「加工食品及び添加物以外の食品」とされています。単に水洗いや選別、切断、冷凍等の処理をしたものが該当します（次ページ図表３参照）。このうち、「業務用生鮮食品」は、生鮮食品のうち、加工食品の原材料となるものをいいます。

また、添加物は食品衛生法で「食品の製造の過程において又は食品の加工若《も》しくは保存の目的で、食品に添加、混和、浸潤その他の方法によって使用するものをいう。」と定義されています。このうち、「業務用添加物」は、消費者に販売される形態となっているもの以外のものをいいます。

### 図表2 食品表示基準における製造、加工、調整、選別の定義

| 用語 | 定義 | 具体的な行為の例 |
|---|---|---|
| 製造 | その原料として使用したものとは本質的に異なる新たなものを作り出すこと | 食肉からハムを製造する |
| 加工 | あるものを材料としてその本質は保持させつつ、新しい属性を付加すること | 加工食品のハムをスライスする / 異なる種類の生鮮食品を混合する |
| 調整 | 一定の作為は加えるが、加工には至らない行為 | 収穫後の作業の一環として行われる大豆の乾燥行為 / 白菜を 1/4 にカットする |
| 選別 | 一定の基準によって仕分け、分類すること | 一定の基準によって分別するリンゴのサイズ分け |

（消費者庁資料から作成）

**図表3　食品表示基準において、加工食品・生鮮食品それぞれに該当する例**

| 加工食品に該当する例 | 生鮮食品に該当する例 |
|---|---|
| ・複数の種類の野菜を切断した上で混ぜ合わせたもの（サラダミックス、炒め物ミックス）<br>・ブランチング（加熱処理）した上で冷凍した野菜<br>・合挽肉<br>・複数の部位の食肉を切断した上で調味液に漬けて１つのパックに包装したもの<br>・スパイスを振りかけた食肉<br>・複数の種類の刺身を盛り合わせたもの<br>・鍋セット<br>・蒸しダコ | ・単品の野菜を単に切断したもの（カット野菜）<br>・オゾン水、次亜塩素酸ソーダ水により殺菌洗浄したもの<br>・同じ畜種で部位の違う食肉を調味せずに１つのパックに包装したもの<br>・マグロのトロと赤身を盛り合わせたもの<br>・１種類の魚のカマや身アラを詰め合わせたもの<br>・生の赤貝から身を取り出し、開き、内臓を除去して冷凍したもの |

## 3　食品表示の適用範囲

ある食品が食品表示基準の適用の対象になるかどうかは、その食品が生鮮食品であるか、加工食品であるか、一般消費者に販売されるものか、業務用かだけでなく、食品がどこで製造されたのか、あらかじめ容器包装に入れられているか、ばら売りか、量り売り等であるかによって異なります。これは、生産の状況をよく知っている販売者に一般消費者がその場で直接質問できる環境であれば、義務表示事項を減らしても消費者の不利益にならないとの考えによります。

なお、ここでの「容器包装に入れられている」とは、容器に入れた又は包装されたものを指します。ネット等による包装、袋を輪ゴムやホチキスで止めたものも含み、そのままの状態で客に引き渡せるものであれば容器包装されたものとみなされます。

※計量法における密封の考え方については、第３章　３－６参照。

生産場所の直売所などで容器包装した生鮮食品を販売する場合、原産地は表示しなくても消費者は理解できますし、養殖かどうかの情報もその場で販売員に聞くことができるので表示の必要はありません。ただし、その生鮮食品が生食用であるかどうかや、保存温度や消費期限などの事項は表示が必要です。

同様に店内の厨房で製造した惣菜を容器包装して販売する場合、原材料については店員に尋ねることができるので表示の必要はありません。ただし、その加工食品にアレルゲンが含まれているかどうか、また、期限表示や保存の方法、飲食に供する際に加熱を要するかどうかなどの安全に関わる事項は表示が必要です。

なお、食品関連事業者等が、加工食品又は生鮮食品を、設備を設けて飲食させる場合には、食品表示基準は適用されません。加工食品又は生鮮食品を、設備を設けて飲食させる場合とは、具体的には、レストラン、食堂、喫茶店等の外食事業者による食品の提供を指します。

これらの概要をまとめたものが図表４、図表５です。

なお、業務用の食品については、最終的に消費者に必要な情報が提供できるよう、それぞれ必要な事項が定められています。

**図表4　生鮮食品の販売形態ごとの表示義務の原則（一般消費者向け販売）**

| 販売場所 | 容器包装の有無 | 表示義務の有無 |
| --- | --- | --- |
| スーパーマーケットや青果店、精肉店など、生産場所以外で販売される場合 | 容器包装あり | 表示義務あり |
| | 容器包装なし | 表示義務あり（食肉や鮮魚介類の期限表示や保存の方法等の表示は任意） |
| 農園や果樹園など、生産場所で直接販売される場合 | 容器包装あり | 表示義務あり（食肉や鮮魚介類の期限表示や保存の方法等の表示のみ義務） |
| | 容器包装なし | 表示義務なし |
| 外食等その場で飲食させる場合 | | 表示義務なし |

## 図表5　加工食品の販売形態ごとの表示義務の原則（一般消費者向け販売）

| 販売場所 | 容器包装の有無 | 表示義務の有無 |
| --- | --- | --- |
| スーパーマーケットや百貨店など、製造場所以外で販売される場合 | 容器包装あり | 表示義務あり |
| | 容器包装なし＊1 | 表示義務なし＊2 |
| バックヤードで調理したものを店舗で販売する小売店など、製造場所で直接販売される場合 | 容器包装あり | 表示義務あり（消費期限や保存の方法、アレルゲンを含む旨等の表示のみ義務） |
| | 容器包装なし＊1 | 表示義務なし＊2 |
| 外食等その場で飲食させる場合 | | 表示義務なし＊2 |

＊1　注文に応じて容器に詰められるものを含む。

＊2　ただし、生食用牛肉の注意喚起表示については、対象となる。

生食用の牛肉については、過去に食中毒による死亡事故が発生したことを契機に表示のルールが定められ、食品表示基準においても、牛肉の生食には食中毒のリスクがある旨、特に子供、高齢者その他食中毒に対する抵抗力の弱い方は生食を控えるべき旨の注意喚起表示が義務付けられています。これは、容器包装への表示だけでなく、外食店においても、店頭などで表示することが必要です。

※生食用牛肉の注意喚起表示については、第4章　4－28－2参照。

# 1-4 食品が食卓に届くまで

## 1 食品の流通経路

食品が消費者に届くまでの流通経路は、産業や交通の発達とともに変化してきました。ここでは農産物を例に、現在の流通経路を見てみましょう。

以前は周辺の地域で生産されたものが消費される地産地消が主流でしたが、輸送システムや保存方法の発達により、広く国内、国外から商品が集められるようになったため、消費者は多種多様な農産物を一年中食べることができるようになりました。

図表1 生鮮食料品等の主要な流通経路

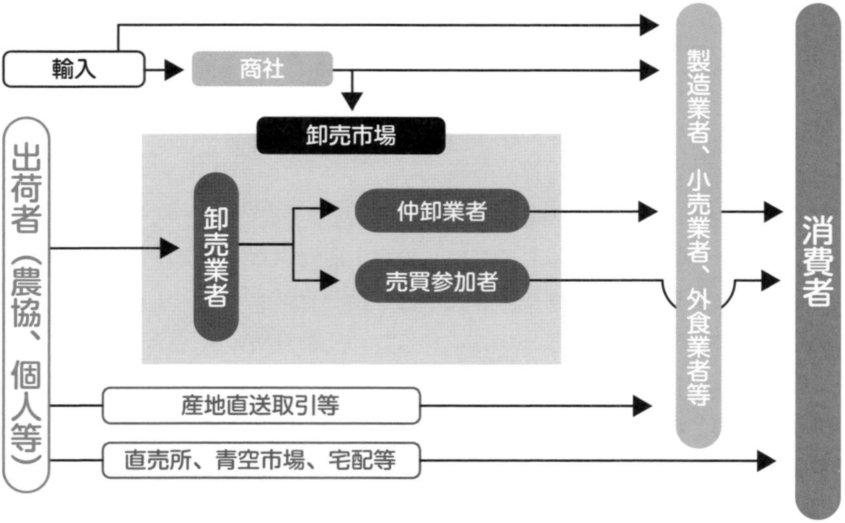


出典：農林水産省新事業・食料産業部　卸売市場をめぐる情勢について（令和4年8月）より一部改変

### （1）卸売市場

卸売市場は、円滑な流通を確保するために、卸売市場法に基づき設置されています。

卸売市場は、主に生鮮食料品を国民に円滑かつ安定的に供給するための基幹的なインフラとして、多種で大量な物品を効率的かつ継続的に集分荷し、公正で透明性の高い価格形成等を行う重要な機能を有しています。

卸売市場では、卸売業者が産地の出荷者から多種多様な生鮮食品を集荷し、市場内の卸売場で、仲卸業者や売買参加者（承認を受けた大口の購入者）に、競り売り・入札などの方法で販売します。食品製造業者や外食事業者、小売業者の多くが、この仲卸業者から生鮮食品を入手しています。

農林水産省の報告書（卸売市場をめぐる情勢について：食料産業局　2022年（令和４年）８月）では、青果の５割強、水産物の５割弱が卸売市場を経由しています（国産青果物では約８割）。

### （2）市場外流通

卸売市場を通らない流通は、市場外流通と呼ばれ、年々増加傾向にあります。近年では生産者と食品製造業者や外食事業者、大口の小売業者が契約を結んで、直接の取引をするケースも増えています。

市場外流通には、このほかにもさまざまな取引ルートがありますが、消費者に直接販売する形態としては青空市場や農産物直売所、「道の駅」での販売等があります。インターネットの普及で農家自らがホームページを開設して通信販売している例も多くなっています。

### （3）輸入食品の流通

2022年度（令和4年度）の日本の食料自給率は、カロリーベースで38%となっており、いまや輸入食品なくして私たちの食生活は成り立たないといえます。

食品を輸入する者は、まず輸入した空港や港を管轄する厚生労働省の検疫所に食品等輸入届出書を提出します。これについて検疫所の食品衛生監視員が食品衛生法に基づく適法な食品等であるかどうか審査します。

初めて輸入される食品や書類審査で検査が必要と判断された場合には、検疫所が命令検査や行政検査を実施し、その結果、不合格となった場合は、輸出国への積み戻しや廃棄の措置がとられます。審査や検査の結果、適法と判断された食品は、通関の手続きを経て、国内市場に流通することになります。

## 2 業者間取引における表示の義務付け

卸売業者*から食品製造業者への販売のような、販売先が消費者ではない取引を、業者間取引といいます。この業者間で取引されている食品が、業務用食品です。食品表示基準では、消費者に販売される形態となっているもの以外の加工食品を業務用加工食品と、同じく添加物を業務用添加物と、そして加工食品の原材料となる生鮮食品を業務用生鮮食品と定義しています。

業務用生鮮食品の具体例としては、レストランに納品される牛肉、水産加工場に納品されるアジなどがあります。業務用加工食品の具体例としては、食品工場に納品されるみそやしょうゆ、弁当店に納品される惣菜などがあります。

これらの業務用の生鮮食品並びに加工食品は、容器包装に入れずに、かつ、外食店やインストア加工用に納品する場合を除き、食品表示基準の義務表示の対象となります。

なお、業務用として容器包装された加工食品であっても業務用スーパー等で消費者にそのまま販売する場合は、一般用加工食品としての表示が必要です。生鮮食品として消費者に販売する可能性のある業務用生鮮食品にも、一般用生鮮食品としての表示が必要です。

食品表示基準では業務用の生鮮食品並びに加工食品について、消費者が食品を摂取する際の安全性に関する情報（期限表示や保存方法、アレルゲン等）の表示が義務付けられています。また、消費者の選択の機会確保に資する情報として原料原産地表示がすべての一般用加工食品に義務化されたことに伴い、業務用生鮮食品の原産地や、業務用加工食品が生産された場所についての表示が必要な場合が出てきました。

業務用添加物についても、アレルゲンや、使用方法等の表示が義務付けられています。

これらの食品の表示の媒体としては、例外的に送り状、納品書又は規格書等への記載を認めている食品もありますが、食品を摂取する際の安全性に関する情報の表示については、原則として、一般消費者向け食品と同様、容器包装の見やすい場所に表示しなければならないこととされています。

＊製造や加工の行為を行わない卸売業者も、食品関連事業者として表示の義務を負います。

# 1-5 食品情報を追跡するには

## 1 トレーサビリティとは

トレーサビリティ（traceability）とは、「trace（追跡）」と「ability（可能性、能力）」の２つの単語を組み合わせた言葉で、直訳すると「追跡可能性」、つまり食品の移動の履歴を把握する可能性や能力を意味しています。

農林水産省では、国際的な定義を採用し「生産、加工及び流通の特定の１つ又は複数の段階を通じて、食品の移動を把握できること。」としています。具体的には、食品の取扱いの記録を残すことにより、食品の移動を把握できるようにする仕組みのことです。このため、生産・流通・小売の各段階で「いつ、どこから・どこへ、誰が、何を、どれだけ」といった入出荷の情報を個々に記録しておきます。

図表１　トレーサビリティの流れ

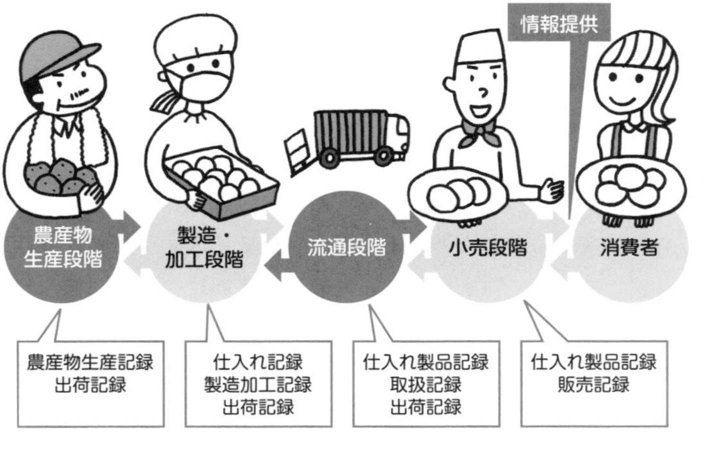

## 2 トレーサビリティの意義

トレーサビリティが確立していれば、食品の安全性に関わる事故や不適合が発生した際に、以下の対応が可能になります。

① 対象商品を特定した迅速な対応
② 問題の発生箇所の速やかな特定
③ 不適合食品の絞り込みや正確で迅速な撤去回収
④ 事業者の責任の明確化

これらの対応が可能になることで、原因の究明を容易にし、事業者の責任も明確になり、リスク管理手法として確立することができます。

また、食品の流通経路の透明性を確保し、表示の正しさを検証できるようになるだけでなく、消費者と取引先、国及び地方公共団体への迅速かつ積極的な情報提供を行うこともできます。これらによって、誤った表示や情報を排除しやすくし、取引の公正化にも寄与します。

## 3 トレーサビリティの例

食品トレーサビリティに関して、我が国で法律が制定されているのは牛トレーサビリティ法及び米トレーサビリティ法です。

### （1）牛トレーサビリティ法

2001年（平成13年）に国内で初めて牛海綿状脳症（BSE）*の発生が確認されましたが、その原因は、肉骨粉を給餌したことでした。一方で日本において牛は、繁殖農家、肥育農家というように1か所で育つわけではないことから、牛がどのように飼育されているのかの把握は困難でした。

このことから、それぞれの牛がどの親牛から生まれ、どこで育てられたのかの情報が正確に得られる仕組みが必要となり、牛トレーサビリティ法（牛の個体識別のための情報の管理及び伝達に関する特別措置法）が制定されました。

この法に基づいて国内で飼育されるすべての牛に10桁の個体識別番号が付与され、これを一元的に管理することで、生産・流通の各段階において正確に情報が伝達されることとなりました。

消費者は、「独立行政法人家畜改良センター」のホームページにアクセスし、牛肉に表示（あるいは店頭に掲示）されている個体識別番号を入力すれば、その牛肉の生産履歴情報を確認することができます。

ちなみに、JASにおいても2003年（平成15年）に生産情報公表牛肉という規格が制定されました。この規格では餌の情報のほか、飼育中に与えた医薬品の情報も管理し、公表することが定められています。

＊牛海綿状脳症（BSE）：牛の脳の組織にスポンジ状の変化を起こし、起立不能等の症状を示す遅発性かつ悪性の中枢神経系の疾病。BSEに感染した牛の脳等の特定部位を食べることにより、ヒトが変異型クロイツフェルト・ヤコブ病を発症する可能性がある、とされています。

図表2　牛トレーサビリティシステム

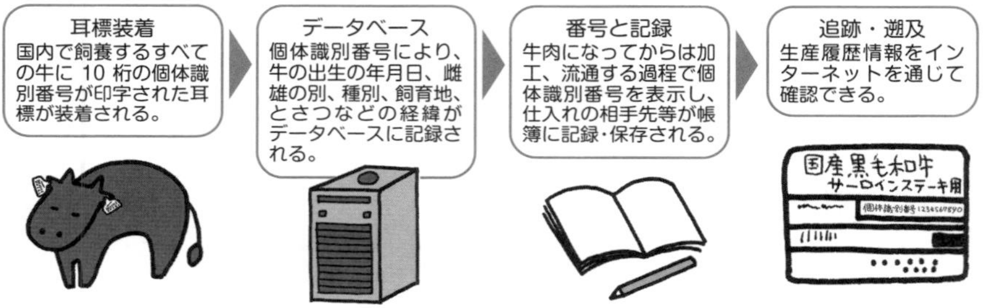



※牛トレーサビリティ法については、第1章　1－2参照。

※牛肉への個体識別番号の表示については、第2章　2－3－1参照。

※牛肉を使った特定料理については、第4章　4－28－2参照。


### （2）米トレーサビリティ法

米トレーサビリティ法が制定されたきっかけは、一部の米穀業者により行われた非食用であることを隠した事故米の転売が2008年（平成20年）に発覚したことにあります。農林水産省がさらに調査を実施した結果、その年だけではなく数年前から、多数の業者を介する複雑な流通経路を経て食品加工会社や酒造会社等に転売されていたことが判明し、大きな社会問題となりました。

そのため、米、米加工品に問題が発生した際に流通ルートを速やかに特定するため、生産から販売・提供までの各段階を通じ、米穀等の取引記録を作成・

保存することが定められました。また、あわせて米の産地情報を取引先や消費者に伝達することが義務付けられました。

対象となるのは玄米や精米だけでなく、米菓や清酒等の米から作られた加工食品を含み、弁当の米飯やレストランで提供されるピラフなどの米飯類も対象です。これらを指定米穀等といいます。

生鮮食品として原産地表示が必要な玄米や精米に関しては、食品表示基準に従って表示することで米の産地情報が消費者に伝達されることになります。

なお、2017年（平成29年）に食品表示基準が改正され、原則として、輸入品以外のすべての一般用加工食品の重量割合第1位の原材料に原料原産地名の表示が義務付けられました。その中でも、指定米穀等の原材料である米穀については、米トレーサビリティ法が優先して適用されます。

### 図表3　米トレーサビリティシステム

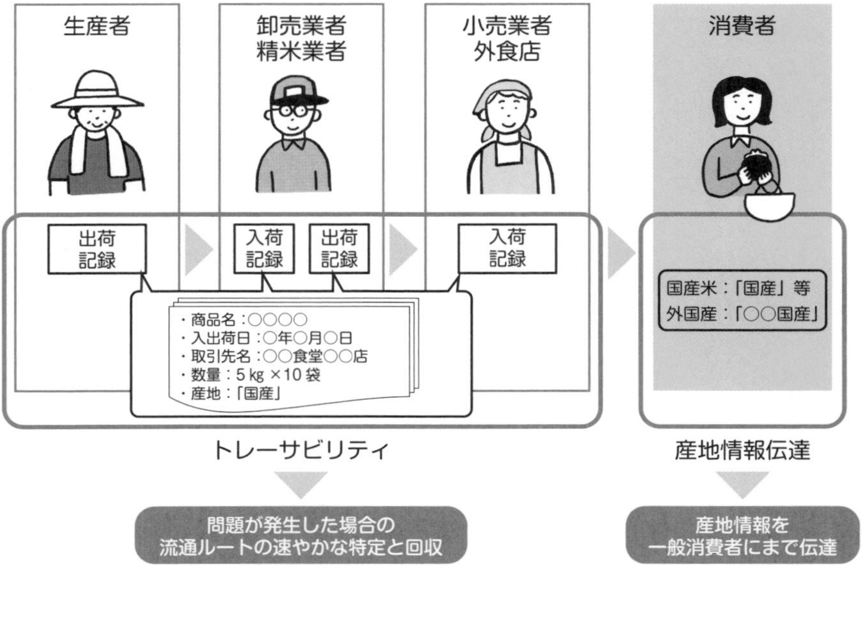


※米トレーサビリティ法については、第1章　1－2参照。

※米加工品の表示例に関しては、第4章　4－21、4－24、4－28－2参照。

# 第2章

# 生鮮食品の表示

# 2-1 生鮮食品の表示の基本

## 1 生鮮食品とは

食品表示基準において「生鮮食品」は、「加工食品及び添加物以外の食品」と定義されています。農産物、畜産物、水産物のように、私たちの食生活に身近な一次産品は、この「生鮮食品」に該当します。

図表1 生鮮食品に該当する主な食品

| 分　類 | 主な食品 |
|---|---|
| 農産物 | 米穀、麦類、雑穀、豆類、野菜、果実、その他の農産食品（きのこ類、山菜類、たけのこ、もやし） |
| 畜産物 | 食肉、生乳*、食用鳥卵、その他の畜産食品 |
| 水産物 | 魚類、貝類、水産動物類、海産ほ乳動物類、海藻類 |

＊牛から搾ったままで加熱殺菌などの処理を行っていないものが「生乳」で、それを加熱殺菌等したものが加工食品の「牛乳」です。

「単品の食品を単に切断したもの」「単に食品を冷凍したもの」「同一の種類の食品で部位の違うものを盛り合わせたもの」等は生鮮食品に該当し、「複数の食品を切断し、混ぜ合わせたもの」や「複数の種類の食品を切断して盛り合わせたもの」は、加工食品に該当します。

## 2 生鮮食品に必要な表示事項

食品表示基準では、一般消費者向けに販売されるすべての生鮮食品に義務付けられた横断的義務表示事項と、特定の品目に義務付けられた個別的義務表示事項があります。

例えば、品種や栽培方法など商品の選択に役立つ事項、あるいは、生鮮食品に該当するものでも、処理することにより食品衛生上の危害発生のおそれがあるもの、食品を摂取する際の安全性に重要な影響を及ぼす事項があるものについては、その食品に応じて必要な表示*が義務付けられています。

表示義務者は、生産者、卸売業者、輸入者、小売業者等、販売に至るまでのすべての関係者です。横断的義務表示事項は、次の①～③のとおりです。

＊これらの個別的義務表示事項については、第２章　２－２以下の各節で紹介します。

### ①名称

その食品の内容を表す一般的な名称を表示します。内容を的確に表現していれば、標準和名等で表示することができます。また、地域特有の名称がある場合、その名称が一般的に理解されると考えられる地域であれば、地域特有の名称を表示することができます。

標準和名とは、生物の種の学名と一対一となるように調整した和名のことをいいます。国内で統一されているため、図鑑等において使われています。

### ②原産地

農産物のほとんどは作付けした土地で収穫される、畜産物は生まれた場所、飼養された場所、と畜された場所がそれぞれ異なる場合がある、水産物は特定の水域で漁獲されるといったように、それぞれ生産の実態が異なることから、原産地の記載方法を一律に定めることが困難です。そのため、それぞれに即した原産地の表示方法が規定されています。原産地は、次ページ図表２のルールに基づいて表示します。

同じ種類の生鮮食品で複数の原産地のものを混合した場合は、その製品に占める重量の割合の高いものから順に「A 国、B 国」のように原産地を表示します。

異なる種類の生鮮食品で複数の原産地のものを詰め合わせた場合は、該当する生鮮食品の名称に原産地を併記します。

※生鮮食品の詰め合わせについては、第２章　２－２－２参照。

## 図表2　生鮮食品の原産地の表示内容

| 区　分 | 国産品 | 輸入品 |
|---|---|---|
| 農産物 | ・都道府県名<br>（市町村名その他一般に知られている地名でもよい。） | 原産国名<br>（一般に知られている地名でもよい。） |
| 畜産物 | ・「国産」「国内産」等国産である旨<br>（主な飼養地がある都道府県名、市町村名その他一般に知られている地名でもよい。） | 原産国名 |
| 水産物 | ・水域名又は地域名（主な養殖場がある都道府県名）（水域名の表示が困難な場合は、水揚港名又は水揚港がある都道府県名でもよい。）<br>・水域名に水揚港名又は水揚港がある都道府県名を併記することができる。 | 原産国名<br>（水域名を併記することができる。） |

### ③その他の表示事項

「名称」と「原産地」のほかに、横断的義務表示事項として放射線を照射した食品*の場合は「放射線照射に関する事項」、特定保健用食品の場合は「特定保健用食品に関する事項」、遺伝子組換え食品の表示の対象農産物の場合は「遺伝子組換え農産物に関する事項」、乳児用規格適用食品の場合は「乳児用規格適用食品である旨」、「特定商品」を密封し、質量をグラムで表示して販売する場合は、「内容量」を計量法の規定により表示し、表示内容に責任を有する「食品関連事業者の氏名又は名称及び住所」を表示します。

＊ばれいしょには発芽防止の目的で放射線の照射が認められています。

※「特定保健用食品」については、第5章　5－1参照。

※「遺伝子組換え農産物」については、第3章　3－3－3参照。

※「乳児用規格適用食品」については、第4章　4－25参照。

※「特定商品」については、第3章　3－6参照。

## 3 表示方法

容器包装に入れられた生鮮食品には、容器包装を開かなくても表示内容を容易に見ることができるよう容器包装の見やすい箇所に、邦文で、8ポイント以上（表示可能面積がおおむね150㎠以下のものは5.5ポイント以上）の大きさの文字を使用して表示します。また玄米及び精米で内容量が3kgを超えるものは12ポイント以上で表示します。ただし、「名称」（一部の食品を除く。）、「原産地」、「遺伝子組換え農産物に関する事項」、個別的義務表示事項である「栽培方法」「解凍した旨」及び「養殖された旨」の表示は、製品に近接した掲示物その他見やすい場所に立て札やポップ等で表示することができます。

ばら売り、量り売り等容器包装されない生鮮食品は、「名称」「原産地」「遺伝子組換え農産物に関する事項」「栽培方法」「解凍した旨」及び「養殖された旨」を製品に近接した掲示物その他見やすい場所に表示します。

# 2-2-1

# 農産物 野菜

〈きゅうりの表示例〉

| | | |
|---|---|---|
| ① | 名称 | きゅうり |
| ② | 原産地 | 岡山県 |

〈しいたけの表示例〉

| | | |
|---|---|---|
| ① | 名称 | しいたけ<br>（原木）← ③ |
| ② | 原産地 | 静岡県 |

## 1 表示事項

### ①名称

名称は、「きゅうり」「白菜」「トマト」等と、一般的な名称で表示します。その内容を的確に表現していれば標準和名等で表示することもできます。またその名称が一般に理解されると考えられる地域であれば地域特有の名称で表示することもできます。

・地域特有の名称の例：とうきび、なんばんきび（とうもろこしの地域特有の名称）等

### ②原産地

ほ場で栽培される作物であって国産品は、農産物が収穫された都道府県名（長野県、北海道等）を表示します。また、市町村名のほか、一般に知られている地名で表示することもできます。一般に知られている地名とは、次の例のよう

なものです。

・「郡名」→秩父郡

・「旧国名」→尾張、土佐

・「旧国名の別称」→信州、甲州

輸入品は、原産国名を表示します。また、一般に知られている地名として、アメリカの州名（カリフォルニア、フロリダ等）や中国の省名（山東省、福建省等）等を表示することもできます。

なお、しいたけは③にあるように「原木栽培」「菌床栽培」がありますが、いずれも栽培管理の初期段階の環境が、しいたけとして販売される子実体部分の形成に大きな影響を及ぼします。そのため、しいたけについては、原木又は菌床培地に種菌を植え付けた場所（植菌地）を原産地として表示します。

### ③栽培方法

しいたけには、「名称」「原産地」のほかに「栽培方法」を表示します。

栽培方法には、「原木栽培」と「菌床栽培」の２種類があります。

| | |
|---|---|
| 原木栽培 | クヌギ・コナラ等の原木に種菌を植え付ける栽培方法 |
| 菌床栽培 | おが屑にふすま、ぬか類、水等を混合してブロック状、円筒状等に固めた培地に種菌を植え付ける栽培方法 |

しいたけの栽培では、原木栽培がよく知られていますが、菌床栽培の場合、屋内で水分・温度管理をすることにより、計画的な出荷ができることから、菌床による栽培が多く行われています。

栽培方法の違いにより品質が異なることから、消費者の商品選択に役立てるため、栽培方法の表示が義務付けられています。

また、原木栽培と菌床栽培のしいたけを混合した場合は、重量の割合の高い順に、「原木・菌床」又は「菌床・原木」と表示します。

なお、乾しいたけは加工食品に該当しますが、その原材料名にも「原木」又は「菌床」と栽培方法を併記します。

## 2 カット野菜の表示

１種類の野菜をカットしたカットキャベツのような商品は、「生鮮食品」に該当し、名称と原産地を表示します。

一方、サラダセット（レタスとキャベツの混合品）やきんぴらセット（ごぼうとにんじんの混合品）のように、種類の異なる野菜をカットして混ぜ合わせた商品は「加工食品」に該当し、加工食品に規定されている事項を表示します。その場合、重量割合が第１位の野菜の産地を原料原産地として表示します。

※原料原産地については、第３章　３－５及び、第４章　４－１参照。

# 2-2-2

## 農産物 果物

〈ばら売り　グレープフルーツの表示例〉

| | | | |
|---|---|---|---|
| ① | 名称 | グレープフルーツ | |
| | | 防かび剤（イマザリル） | ← ③ |
| ② | 原産地 | カリフォルニア | |

# 1 表示事項



### ①名称

名称は、「バナナ」「かき」「ぶどう」等と、一般的な名称で表示します。その内容を的確に表現していれば標準和名等で表示することもできます。

### ②原産地

野菜と同様のルールで表示します。

#### 〈詰め合わせ果物の表示例〉

贈答品として多く販売されている複数の種類の果物を詰め合わせた製品の場合、果物の名称に原産地を併記します。

りんご（青森県）、なし（鳥取県）、
パパイヤ（フィリピン）、
パイナップル（フィリピン）、
キウイフルーツ（ニュージーランド）

### ③「防かび剤」について

バナナ、キウイフルーツ、西洋なし、かんきつ類、アボカド、パイナップル、パパイヤ、マンゴー等の果物の一部やばれいしょには、かびの発生を防ぐため、防かび剤（防ばい剤）が使用されている場合があります。食品衛生法においてこれらの農産物に使用することが認められている防かび剤には、イマザリル、チアベンダゾール（TBZ）、オルトフェニルフェノール（OPP）、フルジオキソニル等があります。

これらを使用した果物を容器包装に入れて販売する場合は、容器包装に「防かび剤（イマザリル）」等と、用途名を併記して添加物の物質名を表示します。

なお、容器包装に入れられたものが表示の対象ですが、小売店でばら売りされる場合においても、消費者への情報提供として、値札・品札や陳列棚等に、わかりやすく表示することが指導されています。

## 2 カットフルーツについて

1種類の果物をカットして包装した商品は、「生鮮食品」に該当し、名称と原産地を表示します。

一方、カットフルーツの盛り合わせ（メロンとすいかの混合品、パイナップルとキウイフルーツの混合品等）のように、種類の異なる果物をカットして混ぜ合わせた商品は「加工食品」に該当し、加工食品に規定されている事項を表示します。その場合、重量割合が第1位の果物の産地を原料原産地として表示します。

※原料原産地については、第3章　3－5及び、第4章　4－1参照。

**関 連 情 報**

**生鮮食品と添加物**

生鮮食品には、防かび剤のほかにも使用基準の範囲内で保存料、酸化防止剤、殺菌剤といった添加物を使用することが認められています。

これらの添加物を使用した場合、食肉や鶏卵、生食用の鮮魚介類など一部の生鮮食品に関しては表示が義務付けられており、義務付けられていない生鮮食品においても、添加物を使用しているのであれば表示することが望ましいとされています。

なお、食品の品質・鮮度等について消費者の判断を誤らせるおそれのある添加物の使用は、たとえ添加物としての使用基準に反しないものであっても使用しないようにとの指導がなされています。

# 2-2-3

## 農産物 玄米・精米（袋詰めされているもの）

### 〈単一原料米の表示例〉

単一原料米とは、「産地、品種及び産年が同一であり、かつ、その根拠を示す資料を保管しているもの」をいいます。

| | | | | |
|---|---|---|---|---|
| ① | 名　称 | 精　米 | | |
| ② | 原料玄米 | 産　地 | 品　種 | 産　年 |
| | | 単一原料米<br>新潟県 | コシヒカリ | ○○年産 |
| ③ | 内容量 | 5ｋｇ | | |
| ④ | 精米時期 | 令和○年○月上旬 | | |
| ⑤ | 販売者 | ○○米穀株式会社<br>○○県○○市○○町○－○－○<br>電話番号○○○（○○○）○○○○ | | |

### 〈複数原料米の表示例〉

複数原料米とは、「単一原料米以外のもの」をいいます。

| | | | | | |
|---|---|---|---|---|---|
| ① | 名　称 | 玄　米 | | | |
| ② | 原料玄米 | 産　地 | 品　種 | 産　年 | 使用割合 |
| | | 複数原料米 | | | |
| | | 国内産 | | | １０割 |
| | | （岡山県 | ヒノヒカリ | ○○年産 | ７割 |
| | | 岡山県 | コシヒカリ | ○○年産 | ３割） |
| ③ | 内容量 | １０ｋｇ | | | |
| ④ | 調製時期 | 令和○年○月上旬 | | | |
| ⑤ | 販売者 | ○○米穀株式会社<br>○○県○○市○○町○－○－○<br>電話番号○○○（○○○）○○○○ | | | |

## 1 表示事項

### ①名称

「玄米」「もち精米」「うるち精米（又は精米）」「胚芽精米」の中から、その内容を表す名称を表示します。

### ②原料玄米

**【単一原料米の場合】**

「単一原料米であること」のほか、原料玄米の「産地」「品種」「産年」を表示します。これらの表示ができるのは、その根拠を示す資料を保管しているものに限られています。

〈産地〉国産品の場合：都道府県名や市町村名、その他一般に知られている地名を表示します。

輸入品の場合：原産国名を表示します。なお、一般に知られている地名を表示することもできますが、その場合、国名もあわせて表示しなければなりません。

（例：アメリカ・カリフォルニア州）

〈品種〉「コシヒカリ」「ヒノヒカリ」等と、米の品種名を表示します。

〈産年〉原料玄米が収穫された年を表示します。

**【複数原料米の場合】**

「複数原料米であること」のほか、原料玄米について国産品には「国内産」、輸入品には「原産地の国名」を、それぞれ、その使用割合とあわせて表示します。また、その根拠を示す資料を保管している原料玄米の場合は、それぞれの「産地」「品種」「産年」を表示することができます。

**【表示事項の根拠を表示する場合】**

単一原料米、複数原料米のいずれでも、産地、品種及び産年の全部又は一部を表示する場合においては、その表示事項の根拠となる情報の確認方法を表示することができます。

〈表示例〉

・農産物検査証明済み
・農産物検査証明による
・種子の購入記録及び生産記録による確認
・品種については、DNA検査済み
・米トレーサビリティ法による伝達（産地の表示に限る）

### ③内容量

計量法の規定により内容量を、グラム又はキログラムの単位で、単位を明記して表示します。

### ④精米時期・調製時期

精米は精白した年月旬＊又は年月日を、玄米は調製した年月旬又は年月日を表示しますが、輸入品であって精米・調製時期が不明なものは、輸入時期を表示します。

なお、原料玄米を混合したものは、精米時期、調製時期又は輸入時期のうち、「最も古い時期」を表示します。

＊月の1日から10日までを「上旬」、11日から20日までを「中旬」、21日から末日までを「下旬」と区分します。

### ⑤販売者

販売者の氏名又は名称、住所及び電話番号を表示します。

関　連　情　報

**「調製」「玄米」「精米」「新米」とは**

稲刈りをして、脱穀したものを「もみ（籾）」といいます。もみを覆っている外皮（もみ殻）を除くことをもみ摺りといい、この作業を「調製」といいます。もみ摺りしたものが「玄米」です。この玄米から、胚芽（芽の出るところ）と、ぬか層を取り除くことを「精米」といいます。

この精米の度合いによって、白米（10割精米）、分づき米（7分、5分、3分等）がありますが、いずれも「精米」と表示します。一方、特殊な技術でぬか層のみを取り除き、80%以上の米が胚芽を含むように精米したものは「胚芽精米」と表示します。

また、別記様式の枠外への「新米」との表示は原料玄米が生産された年の12月31日までに容器包装に入れられた玄米、又は原料玄米が生産された年の12月31日までに精白され、容器包装に入れられた精米に限定して認められています。

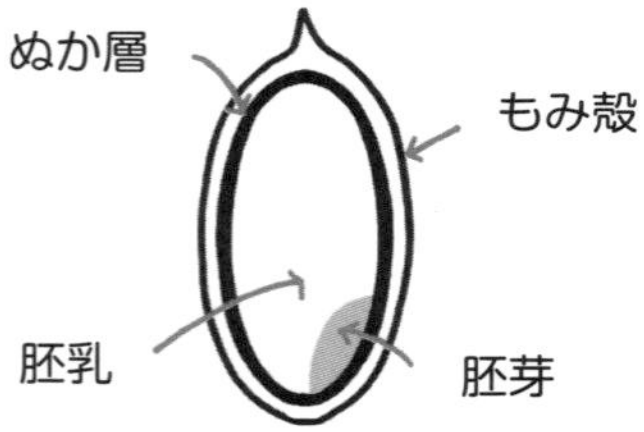

# 2-3-1

# 畜産物 食肉



〈牛肉の表示カードの例〉（パック詰めされていないもの）

| | | |
|---|---|---|
| ① | 名称 | 牛かたロース |
| ② | 原産地 | オーストラリア産 |
| ③ | 単位価格 | 100g 当たり○○円 |

〈牛肉の表示例〉（パック詰めされているもの）

②山形県産　①牛ばら　カレー用

④個体識別番号　0123456789

⑥消費期限　○○.○○.○○

⑦保存方法　10℃以下

③100g当たり　○○○円

⑤内容量　150　g

お値段　○○○円　〈税込〉

プラ

⑧加工者　株式会社　○○スーパー　○○店
○○県 ○○市○○町 ○番地 ○号

## 1 表示事項

### ①名称

「牛肉」「豚肉」「鶏肉」等と、食肉の種類を表示します。「ビーフ」「ポーク」等と表示することも可能です。また、「食肉の表示に関する公正競争規約」に基づいて、店頭での表示カードやプライスラベル等に食肉の種類と部位を組み合わせて「牛もも」「牛かた」等と表示することとされています。

### ②原産地

畜産品は家畜が国単位で最も長く飼養された国が原産地となります。

国産品は、「国産」「国内産」等と、国産であることを表示します。また、最も長く飼養した都道府県名、市町村名その他一般に知られている地名を表示することができます。この場合、国産であることの表示は省略できます。

外国産である場合は、「オーストラリア」「アメリカ」等と、原産国名を表示し、一般に知られている地名を表示することはできません。

なお、表示事項は、日本語で理解しやすい用語により記載しなければならないため、国名を「米国」と漢字で表示することはできますが、「US」のように表示することは認められていません。

### ③単位価格

食肉の公正競争規約に基づき、100g 当たりの小売価格を、量り売りの際の立て札や容器包装に貼付するプライスラベルに表示します。

### ④個体識別番号

国内で飼育された牛の場合、牛トレーサビリティ法に基づき牛の個体を識別するための10桁の個体識別番号を、容器包装、又は店舗の見やすい位置に表示します。表示の対象となるのは、国内で生まれ飼養された牛すべてと、生体のままで日本に輸入し飼養された牛から得られた牛肉です。国内で飼養していない輸入牛肉は対象外です。

また、国内で飼養された牛の肉でも、レバー等の内臓肉や、挽肉、複数の牛の肉から成るこま切れ、切り落とし等は個体識別番号の表示義務の対象外となります。

消費者は個体識別番号を使って、牛の雌雄の別、種別や、出生から肥育*を経て、と畜までの飼養地の履歴を確認することができます。

＊肥育：仔牛市場から買い入れた仔牛を食肉市場に送り出すまで育てる過程をいいます。

※牛トレーサビリティ法については、第１章　１－５参照。

## 2 パック詰めされた場合の表示

容器包装に入れられたものは、名称と原産地、牛肉の個体識別番号に加えて、次の事項も表示します。

**⑤内容量　⑥消費期限　⑦保存方法　⑧加工者の名称と所在地**

内容量については、計量法の規定により内容重量を、グラム又はキログラムの単位で単位を明記して表示します。

保存方法については、食品衛生法で定められた10℃以下の温度を具体的に表示します。

なお、量り売り等、客の求めに応じて対面で販売する場合、これらの表示は任意です。

## 3 味付け肉、盛り合わせ等の場合

味付け肉、焼肉用セット（複数の畜種の肉の盛り合わせ）、合挽肉等は、「加工食品」に該当するため、加工食品に規定されている事項を表示します。その場合、重量割合が第１位の畜産物の産地を原料原産地として表示します。

また、味付け肉や、成型肉（食肉の小片を結着させて成型した肉）等には「あらかじめ処理してありますので十分に加熱してください。」等と、十分な加熱が必要であることも表示します。

※原料原産地名表示については、第３章　３－５参照。

## 4 冷凍した食肉の場合

「食肉の表示に関する公正競争規約」に基づき、冷凍した状態で仕入れた食肉、又は小売販売業者が冷凍した食肉は、「冷凍」「フローズン」、また、それを解凍したものは「解凍品」等と表示します。

なお、鶏肉の場合、凍結品は「凍結品」、解凍品は「解凍品」と表示します。

**関連情報**

### 和牛とは

「和牛」と表示することができる牛の品種は、「和牛等特色ある食肉の表示に関するガイドライン」と「食肉の表示に関する公正競争規約」で、次のように定められています。また、次の品種でも、海外で飼養したものは対象外となり、国内で生まれ、国内で飼養した牛であることが条件となっています。

① 黒毛和種、② 褐毛和種、③ 日本短角種、④ 無角和種、

⑤ ①～④の品種間の交配による交雑種、

⑥ ⑤と①～⑤の品種間の交配による交雑種

### 黒豚とは

国産品、輸入品を問わず、バークシャー純粋種についてのみ「黒豚」と表示することが認められています。

外国産のものが国内産の黒豚と誤認されることを防ぐため、シールなどの任意強調表示を行う場合においても「かごしま黒豚」「米国産黒豚」等のように必ず原産地を併記します。

### 地鶏とは

地鶏とは、日本各地の地域固有の在来種を親とするひな（在来種の血を50％以上ひいているもの）を、JASに準じた方法で飼育したものをいいます。

JASでは、飼育期間が75日間以上であること、孵化後28日以降は自然に近い環境で飼育すること等が定められています。

地鶏の例：烏骨鶏（うこっけい）、コーチン、軍鶏（しゃも）、矮鶏（ちゃぼ）、
ロードアイランドレッド

# 2-3-2

## 畜産物 殻付き鶏卵（生食用／パック詰めされているもの）

〈鶏卵の表示例〉（パック詰めされているもの）

| | | |
|---|---|---|
| ① | 名称 | 鶏卵 |
| ② | 原産地 | 国産 |
| ③ | 賞味期限 | ○○．○○．○○ |
| ④ | 保存方法 | 冷蔵庫（１０℃以下）で保存してください。 |
| ⑤ | 選別包装者 | ○○鶏卵株式会社<br>○○県○○市○○町○－○－○ |
| ⑥ | 使用方法 | 生で食べる場合は賞味期限内に使用し、賞味期限経過後及び殻にヒビが入った卵を飲食に供する場合は、なるべく早めに、十分に加熱調理してお召し上がりください。 |

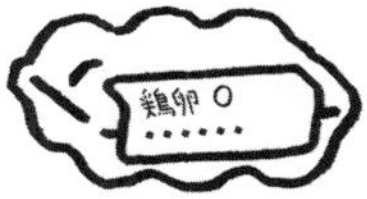


## 1 表示事項

### ①名称

「鶏卵」等と表示します。

### ②原産地

国産品は、国産である旨を表示します。また、養鶏場がある都道府県名、市町村名その他一般に知られている地名を表示することができます。

輸入品は、原産国名を表示します。

### ③賞味期限

生食用のものは、「保存方法」の表示どおりに保存すれば、生で食べられ、品質も十分保持される期限を表示します。賞味期限を過ぎたものがすぐに食べられなくなるわけではありませんが、卵の場合、賞味期限を過ぎたものは、十分に加熱調理し早めに食べることが必要なため、使用方法として、その旨を表示します。

### ④保存方法

賞味期限の表示に合わせた保存方法を具体的に表示します。生食用のものは、10℃以下で保存することが望ましい旨を表示します。

### ⑤選別包装者

卵を採卵又は重量及び品質ごとに選別し包装した者の氏名又は名称とその施設の所在地を、採卵者又は選別包装者として表示します。

### ⑥使用方法

生食用の場合は､「生食用」「生で食べられます」等と､生食用である旨と､「生で食べる場合は賞味期限内に使用し、賞味期限経過後は十分に加熱調理する必要がある旨」の表示をします。

**関 連 情 報**

**栄養強化卵とは**

栄養強化された卵は、「特殊卵」ともいわれます。餌に栄養分を添加することで、ヨウ素、DHA（ドコサヘキサエン酸）、αーリノレン酸等が強化されているものです。

**平飼卵とは**

１羽１羽を、小さく区切られたケージに入れて飼育するのではなく、鶏舎内を自由に動き回れるような環境で飼育するのが平飼飼育です。この環境で育った鶏が産んだ卵を「平飼卵」といいます。

# 2-4

## 水産物 鮮魚

〈マダイの表示例〉（パック詰めされていないもの）

| | | |
|---|---|---|
| ① | 名称 | マダイ |
| ② | 原産地 | 愛媛県 |
| ③ | 養殖／解凍 | 養殖 |

〈マダイの表示例〉〈パック詰めされているもの〉

②**愛媛県産** ①**マダイ** ⑥**（刺身用）**

③（養殖） ④消費期限 ○○.○○.○○ ⑤要冷蔵（10℃以下）

内容量 1人前

お値段 ○○○円〈税込〉

プラ

⑦加工者 株式会社 ○○スーパー ○○店
○○県 ○○市○○町 ○番地 ○号

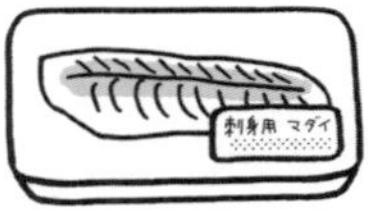


## 1 表示事項

### ①名称

魚介類の名称は、「魚介類の名称のガイドライン」（消費者庁「食品表示基準Q&A」）に定められており、以下のルールに従って表示します。

### 〈一般ルール〉

標準和名（種名）か、一般に使用されている名称で表示します。

| 標準和名（種名） | 一般的名称 |
|---|---|
| マスノスケ | キングサーモン |
| クロマグロ | ホンマグロ |
| ウシエビ | ブラックタイガー |

### 〈成長名・季節名による表示〉

成長段階に応じた名称（成長名）や季節に応じた名称（季節名）があり、一般に理解されている名称の場合は、成長名・季節名で表示することができます。

| | |
|---|---|
| 成長名の例 | ブリ：ワカシ→イナダ→ワラサ→ブリ（東京）<br>：ツバス→ハマチ→ブリ（大阪） |
| 季節名の例 | サケ：アキサケ・トキサケ・トキシラズ |

### 〈地方名による表示〉

地方特有の名称（地方名）があり、その地方名が一般に理解される地域では、地方名で表示することができます。

| 地方名 | 呼称される地域 | 標準和名 |
|---|---|---|
| ハモ | 北海道・東北・山陰 | マアナゴ |
| マイカ | 三陸・北海道<br>瀬戸内海 | スルメイカ<br>コウイカ |
| チヌ | 西日本 | クロダイ |

### 〈禁止されている表示例（ブランド名の表示）〉

ブランド名（商品名）は、「名称」として使用することはできません。

| ブランド名（商品名） | 魚介類の名称（標準和名） |
|---|---|
| 関さば | マサバ |
| 越前がに | ズワイガニ |
| 大間まぐろ | クロマグロ |

### ②原産地

国産品は、水域名又は地域名（主たる養殖場が属する都道府県名をいう。）を表示します。

水域名の例：銚子沖、北陸沖、若狭湾、玄海灘、対馬海峡、石狩川　等

ただし、水域名の表示が困難な場合（複数の水域で獲ってきた場合等）は、水揚港名や水揚港がある都道府県名で表示することができます。水域名に水揚げした港名又は水揚げした港がある都道府県名を併記することもできます。

水域名に都道府県名を併記した例：

日本海西部（鳥取県）、日本太平洋北部（岩手県）　等

輸入品は、原産国名を表示します。原産国名に水域名を併記することができます。

原産国名に水域名を併記した例：

ロシア産（オホーツク海）、インド産（西インド洋）　等

「養殖」とは、幼魚等を重量の増加又は品質の向上を図ることを目的として、出荷するまでの間、給餌することにより育成することをいいます。

２か所以上の養殖場で養殖した場合は、餌を与えて育てた養殖期間の一番長い場所が原産地となります。ただし、第２段階の養殖の方が第１段階よりも期間は短いものの、重量の増加が第１段階よりも大きい場合には、第２段階の都道府県を原産地とします。（第１段階は種苗の育成期間であり養殖期間には含まれないと解釈します。）

またあさりなどを輸入後、出荷調整などの目的で短期間一定の場所に保存することを「蓄養」といいますが、この「蓄養」の期間も貝類の全体の成育期間には含まれません。貝類の成育期間の最も長かった場所が原産地となります。

### ③養殖と解凍の表示

養殖したものには「養殖」と、冷凍品を解凍したものには「解凍」と表示します。

## 2 パック詰めされた生食用の切り身・むき身の表示

切り身・むき身にした生食用鮮魚介類（刺身等）で容器包装されたものは、名称、原産地及び養殖と解凍の表示に加えて、次の事項を表示します。

④消費期限　⑤保存方法　⑥生食用である旨　⑦加工者の名称と所在地

## 3 刺身盛り合わせの表示

マグロとハマチ等のように、２種類以上の刺身を盛り合わせたものは、「加工食品」に該当します。その場合に、重量割合が第１位の水産物の産地を原料原産地として表示します。ただ、刺身盛り合わせは、小売店の店内で加工してそのまま販売することが多く、この場合は原料原産地名の表示は不要となります。

# 2-5 有機食品・特別栽培農産物の表示



## 1 有機食品とは

我が国では、健康な生活の基盤をなす食生活への関心や、農業の自然循環機能、自然保護に対する消費者の関心の高まりから、有機食品を求める動きが生まれました。しかし有機でない生産方法で生産した「農産物」「畜産物」及びそれらを原材料とした「加工食品」に「有機○○」と表示しても、見ただけ、食べただけではそれが有機栽培されたものであるかどうか、真偽のほどがわかりません。このため、消費者の商品選択に役立てるため、1999年（平成11年）に有機JASが制定されました。

現在、制定されている有機食品のJASには「有機農産物」「有機畜産物」「有機加工食品」及び「有機藻類」があり、それぞれ生産方法の基準を定めています。また、有機畜産物の飼料となる「有機飼料」についてもあわせて制定されています。それらに基づいて、第三者機関である登録認証機関が各生産者について、この基準を満たすことができるかどうか生産行程を確認して客観的に審査し認証します。基準を満たしているとの認証を受けた「生産行程管理者」が、有機JASに基づき生産した「農産物」「畜産物」及びそれらを原材料とした「加工食品」に、「有機○○」や「オーガニック○○」と表示することができます。その場合は有機JASマーク（右図参照）を付することが必要です。

〈有機JASマーク〉

JAS

認証機関名
認証番号

有機JASは任意の制度で、有機JASと表示できる条件のもとに生産された食品であっても、有機であることを表示せずに販売することは可能です。しかし、有機農畜産物及びその加工食品に有機食品であることを表示して販売する場合は、有機JASにのっとった表示をした上で、有機JASマークを付すことが必要です。

海外において日本国内と同等の有機認証制度により認証された農畜産物及びその加工食品を輸入した場合も、有機JASに基づき、同じように表示することができます。この場合は輸入業者が有機JASの格付表示を行います。

一方、有機藻類を除く水産物とその加工品については有機JASがありませんので、有機JASマークを使用することはできませんが、有機の考え方で生産されたことを民間の認証基準等に基づいて表示することは可能です。（有機藻類に有機食品であることを表示する場合は、有機藻類のJASマークを付すことができます。）

なお、酒類はこれまでJAS法の対象外とされていましたが、2022年（令和4年）にJAS法が改正され、有機酒類も対象となりました。国税庁が作成した「酒類における有機の表示基準」に準じた有機である旨の表示についても2025年（令和7年）までは認められています。

## 2 有機JASにおける有機食品の生産方法の基準

### （1）有機農産物

有機農産物の生産方法の基準としては、化学的に合成された農薬や肥料（使用禁止資材）の使用を避けることを基本として栽培することとされています。

**【有機JASの主な生産方法の基準】**

・種まき又は植え付け前2年（多年生の植物にあっては収穫前3年）以上の間、使用禁止資材を使わずに栽培を行ったほ場（水田や畑）で生産します。
・ほ場から出る農産物の残さに由来するたい肥等、認められた肥料や土壌改良資材だけで土づくりをします。
・ほ場や生産施設は農薬その他使用禁止資材で汚染されないように管理します。
・遺伝子組換え技術は使用できません。
・収穫後も有機以外の農産物と混ざったり、薬品等により汚染されたりしないように管理します。

## （2）有機畜産物

有機畜産物には、有機鶏卵や有機牛肉等があります。有機畜産物の生産方法の基準としては、飼料は主に環境への負荷を低減して生産された有機飼料等を与え、野外への放牧等によりストレスを与えず、動物用医薬品の使用を避けることを基本として、飼育した家畜や家きんから生産することとされています。

動物用医薬品の使用については、疾病等で他に適当な治療方法がない場合に限られ、抗生物質やホルモン剤を日常的に飼料に混合して与えることは認められていません。

なお、はちみつは畜産物に分類されますが、有機畜産物の対象にはなりません。

## （3）有機加工食品

有機食品には、一次産品である「有機農産物」や「有機畜産物」のほか、それらを原材料として加工した加工食品があります。豆腐や納豆のような「有機農産物加工食品」、ハムやソーセージ、牛乳のような「有機畜産物加工食品」、ミルクチョコレートのような「有機農畜産物加工食品」が、これに該当します。

有機加工食品の生産の基準として、水と食塩を除いた原材料と添加物の重量のうち 95% 以上が有機原材料であること、添加物の使用は必要不可欠かつ最低限の量であること等が定められています。

また、有機加工食品の原材料はすべて遺伝子組換え技術を用いていないことと定められていることから、有機原材料を 95% 以上使用していても、遺伝子組換え技術を用いた原材料がわずかでも使用された場合は、有機加工食品の生産基準を満たしていることにはなりません。

## （4）有機藻類

有機藻類の対象には、養殖だけでなく自生している藻類を採取する場合も適用されています。どちらも水環境を維持することが重要であり、養殖場においては、使用禁止資材の使用を避けることを基本として、生産に由来する環境への負荷をできる限り低減した管理方法が求められ、採取場においては、採取場の生態系の維持に支障が生じない方法によって採取することが求められています。

また、収穫及び採取後の調整は、物理的又は生物の機能を利用した方法に限られています。有害動植物の防除、食品の保存又は衛生の目的での放射線照射は認められていません。

## 3 有機食品の表示のルール

有機JASに適合した食品を有機食品として販売するには、有機JASマーク及び有機食品であることを示すほか、食品表示基準による表示が必要です。

したがって、「有機農産物」あるいは「有機栽培農産物」と表示する場合にあっては、あわせて、一般的な名称及び原産地の表示が必要です。「有機畜産物」においても同様に、生鮮食品としての表示をあわせて行います。

また、「有機加工食品」にあっては、名称に、「有機○○」と表示するほか、原材料名欄に使用した有機原材料の名称を「有機△△」と、それぞれ有機農産物、有機畜産物、有機加工食品であることがわかるように表示します。このほかに、加工食品として必要な、内容量、期限表示、保存方法等を表示します。

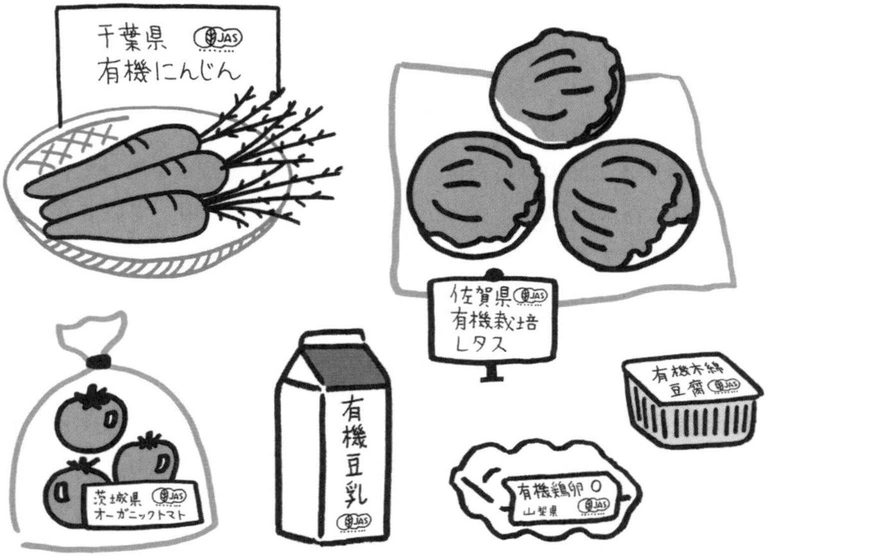

なお、多くの有機農産物は無農薬で栽培されていますが、有機JASにおいて一定の条件で使用が認められている農薬があり、有機農産物には、緊急かつやむを得ない場合これらの薬剤を使用することができます。このため、有機農産物は必ずしも無農薬というわけではありません。したがって、「有機無農薬○○」のような表示は認められていません。

また、有機JASマークを付さずに、「有機栽培○○」のような有機農産物と誤認されるような表示をすることは禁止されています。



## 4 有機農産物と特別栽培農産物の違い

特別栽培農産物とは、それぞれの地域で一般的に使用されている節減対象農薬の使用回数及び化学肥料の使用量を通常の半分以下にして栽培した農産物をいいます。農林水産省により2007年（平成19年）に改正された「特別栽培農産物に係る表示ガイドライン」（これを「新ガイドライン」といいます。）に、特別栽培農産物との表示を行う場合の生産の原則が定められています。この特別栽培農産物に係る表示ガイドラインに基づいて、各地方公共団体は、農産物の種類ごとに農薬や肥料の使用基準（慣行レベル等）を定め、公表しています。

有機農産物には、栽培期間中の農薬と肥料の使用状況のみならず栽培する環境にも条件があり、登録認証機関の認証も必要です。一方で、この特別栽培農産物は生産者の責任において表示を行うことができる点が大きな違いです。

特別栽培農産物の新ガイドラインでは、「特別栽培農産物○○○（農産物の名称）」「このガイドラインに準拠している旨」「栽培責任者の名称、住所及び連絡先」「確認責任者の名称、住所及び連絡先」等を一括して枠の中に表示することと定めており、さらに下記のような表示に関するルールが示されています。

①有機農産物のJASで使用可能な農薬は、節減対象農薬から除外する。

②農薬をまったく使用しない場合は「農薬：栽培期間中不使用」、節減対象の農薬は使用せずに栽培した場合は「節減対象農薬：栽培期間中不使用」と表示する。

③使用した節減対象農薬の一般名、用途、使用回数について、新ガイドラインによる一括表示とは別の見やすい場所にセットで表示するが、できない場合

には、その他の情報の入手方法（ホームページのアドレス等）を新ガイドラインによる一括表示欄に記載する。

④「無農薬」「無化学肥料」の表示は一切の残留農薬を含まないとの間違ったイメージを与えるため使用できない。

⑤「減農薬」「減化学肥料」の表示は、削減の比較基準、割合や対象（残留農薬なのか、使用回数なのか）がわかりにくいため使用できない。

**図表1　有機農産物と特別栽培農産物の違い**

| 区分 | 有機農産物 | 特別栽培農産物 |
| --- | --- | --- |
| 特徴 | ・登録認証機関の認証が必要<br>（有機 JAS マークの表示義務あり）<br>・ JAS の生産基準<br>（法的強制力あり） | ・生産者の自己申告<br>（マークについての規定はない）<br>・栽培ガイドライン<br>（法的強制力なし）<br>・各自治体が慣行レベルを設定・公表 |
| 基準 | 種まき（植え付け）をする２年以上前から、化学合成農薬や化学肥料を使用していない土地で栽培されたもの（多年生作物は収穫前３年以上）等 | 栽培期間中に、その農産物が生産された地域で慣行的に使用されている節減対象農薬と化学肥料の双方の使用を、半分以下にして栽培された農産物 |
| 表示方法 | 「有機農産物」「有機栽培農産物」「有機○○」「オーガニック○○」等と表示 | 「特別栽培農産物」と表示<br>・農薬不使用や使用量の削減を示す場合は、<br>「農薬：栽培期間中不使用」<br>「農薬：○○地域比○割減」等と表示 |

# 第3章

# 加工食品の表示

# 3-1 加工食品の表示の基本

## 1 加工食品に必要な表示事項

容器包装に入れられた加工食品には、原則として、図表1で示した①から⑨までの表示事項と⑩の栄養成分表示が、食品表示基準により義務付けられています。

図表1 加工食品の表示事項一覧

| | | | |
|---|---|---|---|
| ① | 名称 | 一般的な名称を表示します。（商品名ではありません。） | 3-2 |
| ② | 原材料名 | 原材料を、使用した重量の割合の高いものから順に表示します。また、アレルゲン、遺伝子組換え情報も表示します。 | 3-3-1 ～ 3-3-3 |
| ③ | 添加物 | 添加物を、使用した重量の割合の高いものから順に表示します。また、アレルゲンも表示します。 | 3-4・3-3-2 |
| ④ | 原料原産地名 | 輸入品を除くすべての加工食品について、原則として、製品に占める重量割合が上位1位の原材料の原産地を、原料原産地として表示します。 | 3-5 |
| ⑤ | 内容量 | 重量や体積等、単位を付して表示します。 | 3-6 |
| ⑥ | 消費期限又は賞味期限 | 急速に品質劣化しやすいものには消費期限を、品質の劣化が比較的遅いものには賞味期限を表示します。 | 3-7 |
| ⑦ | 保存方法 | 商品の特性に見合った保存方法を表示します。 | 3-8 |
| ⑧ | 原産国名（輸入品のみ） | 原産国名を表示します。 | 3-9 |
| ⑨ | 製造者　等 | 食品関連事業者（製造者・輸入者・販売者等）の名称や住所を表示します。 | 3-10 |
| ⑩ | 栄養成分表示 | 可食部分の100g、もしくは100ml又は1食分（50g）等の食品単位を明記し、その単位当たりの熱量、たんぱく質、脂質、炭水化物、食塩相当量を表示します。 | 3-11 |

このほか、商品の特性に合わせて、①から⑨までに掲げられている内容以外の表示事項を表示することもあります。これらは、一般消費者が食品を摂取する際の安全性及び自主的かつ合理的な食品選択の機会の確保のために、食品関連事業者に対して表示が義務付けられているものです。

### 【義務表示の特例】

義務表示の特例として、次のような場合には表示する必要がありません。

①容器包装に入れずに消費者に販売する場合

例：客の求めに応じてその場で容器包装に詰めて販売する対面販売等

②設備を設けて飲食させる施設で、食品を提供する場合

容器包装の有無にかかわらず、レストランや喫茶店等の外食事業者が、加工食品又は生鮮食品を、設備を設けて飲食させる場合は適用の対象になりません。ただし、牛肉を生食用として提供する場合の「生食用牛肉の注意喚起表示」や、セントラルキッチン等ほかの場所で製造・加工し容器包装に入れられた加工食品を施設内で販売する場合*には表示が必要です。

＊セントラルキッチンで製造したドレッシングを、家庭用に販売している場合等。

※表示対象については、第１章　１－３参照。

### 【小さな容器に対する表示】

容器包装の表示可能面積がおおむね30㎠以下であるものについては、原則として、次に掲げる事項の表示を省略することができます。

●原材料名　●添加物　●内容量又は固形量及び内容総量　●栄養成分の量及び熱量　●製造所又は加工所の所在地及び製造者又は加工者の氏名又は名称　●遺伝子組換え食品に関する事項　●乳幼児規格適用食品である旨　●原料原産地名　●原産国名

ただし、その場合でも次の表示事項については、省略することはできません。

●名称　●保存方法　●消費期限又は賞味期限　●表示に責任を持つ食品関連事業者の名称や住所　●アレルゲン　●L－フェニルアラニン化合物を含む旨

※「L－フェニルアラニン化合物を含む旨」については、第３章　３－４参照。

なお、表示可能面積とは、基本的には容器包装の表面積全体をいいます。したがって、一般的に商品名、写真などが掲載されている部分も含まれます。ただし、表示事項を表示しても判読が困難な部分（包装の重なり部分や、キャンデー等の「ひねり」の部分等）は含まれません。すなわち、容器包装の表面積から、表示が不可能な部分を差し引いた面積となります。

**〈キャンデーの例〉**

A、B、C、D は判読が困難となりますので、この場合の表面積は色づけされた部分の四面体面積の合計です。

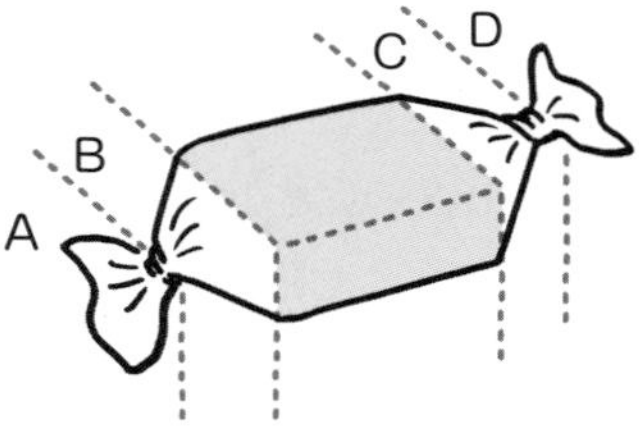


出典：食品表示基準Q&A

## 2 表示方法

**〈こんぶ巻の表示例〉**

| | | |
|---|---|---|
| ① | 名称 | こんぶ巻 |
| ② | 原材料名 | こんぶ、かんぴょう、砂糖、しょうゆ(小麦・大豆を含む)、水あめ |
| ③ | 添加物 | 調味料（アミノ酸等)、保存料（しらこたん白：さけ由来) |
| ④ | 原料原産地名 | 北海道（こんぶ) |
| ⑤ | 内容量 | １２０ｇ |
| ⑥ | 賞味期限 | ○○○○．○○．○○ |
| ⑦ | 保存方法 | 10℃以下で保存してください。 |
| ⑨ | 製造者 | ○○食品株式会社<br>○○県○○市○○町○－○－○ |

⑩

| 栄養成分表示(100g当たり) | |
|---|---|
| 熱量 | 75kcal |
| たんぱく質 | 4 g |
| 脂質 | 2 g |
| 炭水化物 | 10 g |
| 食塩相当量 | 1.2 g |

このように義務表示事項を、商品の見やすい場所に１か所にまとめて表示する方法を「別記様式」による表示といい、加工食品に表示する際の基本的な表示方法になります。

ただし、義務表示事項が別記様式による表示と同程度にわかりやすく一括して表示されている場合（プライスラベルによる表示など）に限り、別記様式以外の表示も可能です。

また、別記様式の「名称」「原材料名」など、表示事項の内容を表すタイトルに相当するものを事項名と呼びます。こんぶ巻の例で⑥の事項名は「賞味期限」で、表示内容がおいしく食べられる目安の期限であることを表し、⑨の事項名は「製造者」で、この表示内容に責任を持つ食品関連事業者が、この食品の製造を行っていることを表します。プライスラベルなどの形で表示を行う際、この事項名は省略できるものとできないものがありますので注意が必要です。

原材料名、原料原産地名、内容量、期限表示については、別記様式枠内に表示することが困難な場合には、「商品表面上部に表示」等の具体的な記載箇所を別記様式枠内に明確に表示すれば、他の箇所に記載することができます。また、期限表示を枠外に表示する場合は、保存方法についても同様に、期限表示と近接した枠外の箇所に表示することができます。

さらに、こんぶ巻の表示例では「原材料名」と「添加物」「原料原産地名」の欄を設けて表示していますが、原材料名欄に添加物や原料原産地名を記載することも可能です。原材料名欄に添加物を表示する場合は、原材料と添加物を明確に区分するため、スラッシュ等の“記号”や“改行”、“線”で区切るなど、明確に区分して表示することが必要です。

※原材料と添加物を区分する表示方法については、第３章　３－３－１参照。

※原料原産地名を原材料名欄に表示する方法については、第３章　３－５参照。

なお、義務表示事項を表示する文字の大きさは、日本産業規格（JIS）に規定する８ポイント以上の大きさであることが必要です。ただし、表示可能面積がおおむね150㎠以下の場合には、5.5ポイント以上の大きさの文字で表示することができます。

このように表示事項は、消費者がわかりやすいように、邦文で表示すること、また、背景と対照的な色を使う、大きな文字で印字するなど、明瞭に識別できる方法で表示することが必要です。

# 3-2 名称の表示について

- **名称**
- 原材料名
- 添加物
- 原料原産地名
- 内容量
- 消費期限又は賞味期限
- 保存方法
- 原産国名（輸入品のみ）
- 製造者等の名称及び住所

## 1 基本ルール

「名称」は、「品名」「品目」「種類別」や「種類別名称」の事項名で表示することもできます。

食品の「名称」とは、誰が見てもわかりやすいように、食品の内容を的確に表現するもので、商品名ではありません。このため、その食品の内容を表す“一般的な名称”を表示することが原則です。

なお、食品によっては「食品表示基準」で名称とその定義が定められているものがあります。中でも食肉製品やドレッシング類などの一部の食品については、定義に合わない製品にその名称を使用することは認められていません。その他、“JAS[*1]に基づいた食品”や“酒類業組合法[*2]で表示基準の定められた酒類”等についても、その定められた名称や品目を表示します。

＊1　JASとは、日本農林規格等に関する法律（JAS法）により制定された規格

※JAS制度については、第5章　5－3参照。

＊2　酒類業組合法（正式名称：酒税の保全及び酒類業組合等に関する法律）は、酒税の確保と取引の安全を図ることを目的とし、表示事項を定めた法律

※酒類の品目については、第4章　4－27参照。

## 【商品名と名称の関係】

通常、製造者が食品に付けている「商品名」は、商品のイメージをアピールするなど、消費者に商品を認識してもらうための名前です。

このため、商品名からは、その食品が何であるかがわかりにくいことも多く、一般的な名称に該当しない場合は、別記様式に「名称」の代わりとして表示することはできません。ただし、名称としてわかりやすい商品名（例えば「煎り大豆」）であれば、名称として表示することもできます。この場合や「ポテチ○○（スナック菓子）」のように、商品名に近接した箇所に一般的な名称を明瞭に表示した場合は、別記様式枠内の名称の表示を省略することが可能です。

なお、特許庁に登録された商標や地域団体商標及び農林水産省に登録された地理的表示については、「名称」として使用することはできません。

# 3-3-1 原材料名の表示について

- 名称
- **原材料名**
- 添加物
- 原料原産地名
- 内容量
- 消費期限／賞味期限
- 保存方法
- 原産国名（輸入品のみ）
- 製造者等の名称及び住所

## 1 基本ルール

食品表示法における具体的な表示方法を定めた「食品表示基準」では、原材料と添加物について、それぞれに事項欄を設けて表示することが定められています。

食品を製造するために使用した原材料（いわゆる食材である原材料）と添加物を区分し、それぞれの事項欄に原材料又は添加物に占める重量の割合の高いものから順に、その一般的な名称で表示します。

しかし、添加物については事項欄を設けずに原材料名の欄に原材料と区分して表示することも可能となっていることから、現実には、多くの加工食品では添加物の事項欄を省略し、以下の例の②～④のようにスラッシュ等の記号や改行、線などで区切る表示方法がとられています。

### ①　原材料と添加物の事項名を明記して表示する方法

| | |
|---|---|
| 原材料名 | いちご、砂糖 |
| 添加物 | ゲル化剤（ペクチン）、酸化防止剤（ビタミンC） |

### ② 原材料と添加物を記号「／（スラッシュ）」で区分して表示する方法

| | |
|---|---|
| 原材料名 | いちご、砂糖 ／ ゲル化剤（ペクチン）、酸化防止剤（ビタミンC） |

### ③ 原材料と添加物を改行して表示する方法

| | |
|---|---|
| 原材料名 | いちご、砂糖<br>ゲル化剤（ペクチン）、酸化防止剤（ビタミンC） |

### ④ 原材料と添加物を線で区切って別欄として表示する方法

| | |
|---|---|
| 原材料名 | いちご、砂糖 |
| | ゲル化剤（ペクチン）、酸化防止剤（ビタミンC） |

なお、添加物と同様、原料原産地表示も事項欄を省略し、次のように表示義務のある原材料に対応した形で原材料名欄に表示することが可能です。

このほかに、原材料名欄には、アレルゲン、遺伝子組換え食品に関する事項を必要に応じて表示します。

| | |
|---|---|
| 原材料名 | いちご（国産）、砂糖 ／ ゲル化剤（ペクチン：りんご由来）、<br>酸化防止剤（ビタミンC） |

## 2 複合原材料

２種類以上の原材料からできている原材料のことを「複合原材料」といいます。具体的には、しょうゆ、ビーフエキス等の調味料のほか、弁当・惣菜の具材がそれに該当します。

複合原材料であるミックス粉やしょうゆのように、すでに加工された製品を仕入れ、新たに製造する製品の原材料として使用する場合には、加工食品を原材料として使用していることがわかるように、仕入れた「複合原材料名」で表示することを原則としています。これは、消費者が、原材料に関してより正確な情報を得ることができるメリットがあるためです。

複合原材料は、次のルールに従って表示します。

### 【複合原材料の原材料表示に関するルール】

①複合原材料名の次に括弧を付して、その複合原材料の原材料を重量の割合の高いものから順に表示します。複合原材料の表示において、添加物は、複合原材料の名称の次の括弧の中には表示しないで、製品全体に含まれる他の添加物とあわせ、原材料と区分して表示します。

②複合原材料の原材料が３種類以上ある場合、複合原材料の原材料に占める重量の割合が上位３位以下で、かつ複合原材料に占める割合が５％未満であるものは、まとめて「その他」と表示することができます。

例：里芋（45%）、人参（30%）、ごぼう（20%）をしょうゆ、砂糖で味付けした煮物の場合
①煮物（里芋、人参、ごぼう、しょうゆ、砂糖）
②煮物（里芋、人参、ごぼう、その他）
ごぼうは重量割合が３位以下ですが、５％以上使用されているため、「その他」と表示できません。

### 【複合原材料の原材料表示の省略に関するルール】

①複合原材料の名称から、明らかにその原材料がわかるものは、複合原材料に

使用されている原材料の表示を省略することができます。

例：きんぴらごぼう、鶏唐揚げ、マヨネーズ、ロースハム

②製品の原材料に占める複合原材料の割合が５%未満である場合は、その複合原材料に使用されている原材料の表示を省略することができます。

例：弁当に５%未満の重量で添えられているしば漬け

### 〈仕入れたおかずを使って作った唐揚げ弁当の表示例〉

### 複合原材料を表示するケース

下線部分は複合原材料の表示です。複合原材料の名称の次の括弧内に、その原材料の重量に占める割合の高いものから順に表示しています。

| | |
|---|---|
| 名称 | 唐揚げ弁当 |
| 原材料名 | ご飯（米（国産））、鶏唐揚げ（鶏肉、小麦粉、植物油脂、食塩、砂糖、香辛料）、煮物（里芋、にんじん、ごぼう、しょうゆ、砂糖）、ゆで卵、しば漬け（なす、紫蘇、食塩）／調味料（アミノ酸等）、pH 調整剤、アナトー色素、（一部に小麦・卵・鶏肉・大豆を含む） |

### 複合原材料の原材料表示を省略するケース

鶏唐揚げは、名称からその原材料が明らかなため、原材料の表示を省略できます。

煮物は名称からその原材料が明らかであるとはいえないため、原材料を表示します。ただし、重量順位が３位以下で複合原材料に占める割合が５%未満の原材料を「その他」としています。

| | |
|---|---|
| 名称 | 唐揚げ弁当 |
| 原材料名 | ご飯（米（国産））、鶏唐揚げ、煮物（里芋、にんじん、ごぼう、その他）、ゆで卵、しば漬け／調味料（アミノ酸等）、pH 調整剤、アナトー色素、（一部に小麦・卵・鶏肉・大豆を含む） |

弁当全体の原材料のうち、重量割合で５%未満のしば漬けについても、複合原材料の原材料表示を省略することができます。

### 【複合原材料の分割表示】

単に混合しただけなど、原材料の性状に大きな変化がない複合原材料を使用する場合について、次の２つの条件に当てはまる場合は複合原材料に使用された原材料を分割して表示することができます。

条件１：消費者がその内容を理解できない複合原材料の名称の場合（例：ミックス粉）

条件２：複数の原材料を単に混合（合成したものは除く。）しただけなど、消費者に対して複合原材料として情報を提供するメリットが少ないと考えられる場合（例：加糖卵黄）

複合原材料を分割して表示する場合は、その複合原材料のすべての原材料及びそれ以外の使用した原材料について、原材料に占める重量の割合の高いものから順に、その最も一般的な名称で表示します。

**〈砂糖と卵黄を混合した複合原材料「加糖卵黄」を仕入れ、製造したパウンドケーキの表示例〉**

複合原材料表示による方法

| | |
|---|---|
| 原材料名 | 加糖卵黄（卵黄（卵を含む)、砂糖)、小麦粉、バター、レーズン<br>膨張剤 |

分割して表示する方法

| | |
|---|---|
| 原材料名 | 小麦粉、バター、卵黄（卵を含む)、砂糖、レーズン<br>膨張剤 |

出典：食品表示基準Q&A

# 3-3-2 原材料名〈アレルギー表示について〉

- ・名称
- ・原材料名・アレルギー表示
- ・添加物
- ・原料原産地名
- ・内容量
- ・消費期限／賞味期限
- ・保存方法
- ・原産国名（輸入品のみ）
- ・製造者等の名称及び住所

## 1 アレルギー表示の必要性

近年、乳幼児から成人に至るまで、特定の食品が原因でアレルギー症状を起こす「食物アレルギー」の人が増えてきました。症状には、「かゆみ・じんましん」「唇の腫れ」「まぶたの腫れ」「嘔吐」「咳・喘息」等があります。特に重い症状である「アナフィラキシーショック」と呼ばれるショック症状を起こすと、死に至る場合もあります。

そのため、食物アレルギー患者の健康危害防止を目的として、容器包装されたアレルゲンを含む加工食品や特定原材料に由来する添加物、また、それらの添加物を使用した一部の生鮮食品に対し、その食品中に含まれるアレルギーを起こす原因となる抗原（アレルゲン）についての正確な情報提供の手段として、アレルギー表示が義務付けられるようになりました。

## 2 アレルゲンの分類

食物アレルギー症状を引き起こすことが明らかとなったアレルゲン（原因物質）については、発症数や重篤度によって図表1のように2つに分類されています。このうち、『特定原材料』（8品目）とは、「症例が多い、症状が重篤で命に関わる症例がある」など、必ず表示しなければならないものです。また、『特定原材料に準ずるもの』（20品目）とは、「症例数や重篤な症例の数が継続して相当数あるものの、特定原材料に比べると少ないもの」として、表示が推奨されているものです。これらをすべて含んだ28品目を「特定原材料等」といいます。

なお、食物アレルギーの原因物質については時代の変化とともに変わっていく可能性があるため、消費者庁では実態調査等による科学的な検証を行い、必要に応じて表示の対象とするアレルゲンの見直しを行っています。

例えば、「くるみ」の義務表示化は、2023年（令和5年）3月に行われ、経過措置期間として、2年間が設けられています。今後も直近の動向に注意が必要です。

図表1 アレルゲンの分類

| 分類 | 品目 | 理由 |
|---|---|---|
| 特定原材料<br>（8品目）<br>[義務表示] | えび、かに、くるみ、小麦、そば、卵、乳、落花生（ピーナッツ） | 特に発症数、重篤度から勘案して表示する必要性の高いもの |
| 特定原材料に準ずるもの<br>（20品目）<br>[任意表示] | アーモンド、あわび、いか、いくら、オレンジ、カシューナッツ、キウイフルーツ、牛肉、ごま、さけ、さば、大豆、鶏肉、バナナ、豚肉、まつたけ、もも、やまいも、りんご、ゼラチン | 症例数や重篤な症状を呈する者の数が継続して相当数みられるが、特定原材料に比べると少ないもの |

## 3 アレルギー表示とは

アレルギー表示は、食物アレルギー患者の健康危害の防止を目的として、販売される食品にアレルゲンである「特定原材料等」が原材料や添加物として含まれることをわかりやすく伝えるための表示です。食物アレルギー患者にとって、極めて重要な表示であり、アレルギー表示が適切にされていない場合、その表示を信用した食物アレルギー患者は命の危険にさらされることもあるため、アレルギー表示制度に関する正確な理解と、それに基づいた適切な表示を行うことは非常に重要といえます。

また、食物アレルギーは、人によってその原因となるアレルゲンや、その反応を引き起こす量が異なり、同一人であっても体調によって反応が変わることが知られています。このアレルギー反応については、主に食品に含まれるタンパク質により引き起こされます。このため、抗原となるタンパクを含む総タンパク量を判断指標として、特定原材料等の総タンパク量が、数μg／g 以上又は数μg／ml 以上含まれる場合に表示が義務付けられています。

なお、「入っているかもしれない」といった可能性を表示することは禁止されています。



## 【アレルゲンを表す方法】

アレルギー表示は、原材料名又は添加物の物質名の直後に括弧を付して「マヨネーズ（卵を含む）」や「カゼインナトリウム（乳由来）」のように１つの原材料（添加物）ごとにアレルゲンを表示する個別表示を原則としています。（もう一つの表示方法である一括表示については後述します。）

この個別表示においては次の「代替表記」と「拡大表記」による表示も可能です（図表２及び図表３参照）。

## 「代替表記」

特定原材料等と表記方法や言葉は異なるが、特定原材料等と同じものであることが理解できる表記をいいます。

アレルゲン「卵」の代替表記：玉子、たまご、タマゴ、エッグ、鶏卵、あひる卵、うずら卵

また、バター、バターオイル、チーズ、アイスクリームは、その名称から乳を原材料としていることが明らかであるため、ミルクとともに「乳」の代替表記として使用することが認められています。

なお、この「代替表記」は、図表２及び図表３で示された表記以外は認められていないので注意が必要です。

「拡大表記」

表示される名称の中に「特定原材料等の名称」又は「特定原材料等の代替表記」を含んでいるため、その特定原材料等を使用していることが理解できる表記をいいます。

アレルゲン「卵」の拡大表記例：「厚焼玉子」「ハムエッグ」

ただし「卵白」及び「卵黄」は特定原材料名の卵の文字を含みますが食物アレルギー患者の事故防止の観点から、「卵白（卵を含む）」「卵黄（卵を含む）」と表示します。

**図表2　特定原材料の代替表記とその拡大表記（表記例）**

| 特定原材料 | 代替表記 | | 拡大表記（表記例） | |
|---|---|---|---|---|
| | 表記方法や言葉が違うが、特定原材料と同一であるということが理解できる表記 | | 特定原材料名又は代替表記を含んでいるため、これらを用いた食品であると理解できる表記例 | |
| えび | 海老 | エビ | えび天ぷら | サクラエビ |
| かに | 蟹 | カニ | 上海がに<br>マツバガニ | カニシューマイ |
| くるみ | クルミ | | くるみパン | くるみケーキ |
| 小麦 | こむぎ | コムギ | 小麦粉 | こむぎ胚芽 |
| そば | ソバ | | そばがき | そば粉 |
| 卵 | 玉子<br>たまご<br>タマゴ<br>エッグ | 鶏卵<br>あひる卵<br>うずら卵 | 厚焼玉子<br>ハムエッグ | |
| 乳 | ミルク<br>バター<br>バターオイル<br>チーズ<br>アイスクリーム | | アイスミルク<br>ガーリックバター<br>プロセスチーズ<br>乳糖<br>乳たんぱく | 生乳<br>牛乳<br>濃縮乳<br>加糖れん乳<br>調製粉乳 |
| 落花生*<br>（ピーナッツ） | ピーナッツ | | ピーナッツバター<br>ピーナッツクリーム | |

＊落花生については特例として、代替表記として認められていた「ピーナッツ」を特定原材料の品目名として表示することが認められました。

例：植物油（ピーナッツを含む）
　　○○○、△△△、（一部に小麦・卵・ピーナッツを含む）

## 図表3　特定原材料に準ずるものの代替表記とその拡大表記（表記例）

| 特定原材料に準ずるもの | 代替表記 | 拡大表記（表記例） |
|---|---|---|
| | 表記方法や言葉が違うが、特定原材料に準ずるものと同一であるということが理解できる表記 | 特定原材料に準ずるものの名称又は代替表記を含んでいるため、これらを用いた食品であると理解できる表記例 |
| アーモンド | | アーモンドオイル |
| あわび | アワビ | 煮あわび |
| いか | イカ | いかフライ　イカ墨 |
| いくら | イクラ　スジコ　すじこ | いくら醤油漬け　塩すじこ |
| オレンジ | | オレンジソース　オレンジジュース |
| カシューナッツ | | |
| キウイフルーツ | キウイ　キウィー　キーウィー<br>キーウィ　キウィ | キウイジャム　キウイソース<br>キーウィージャム　キーウィーソース |
| 牛肉 | 牛　ビーフ　ぎゅうにく　ぎゅう肉<br>牛にく | 牛すじ　牛脂　ビーフコロッケ |
| ごま | ゴマ　胡麻 | ごま油　練りごま　すりゴマ　切り胡麻<br>ゴマペースト |
| さけ | 鮭　サケ　サーモン　しゃけ　シャケ | 鮭フレーク　スモークサーモン　紅しゃけ<br>焼鮭 |
| さば | 鯖　サバ | さば節　さば寿司 |
| 大豆 | だいず　ダイズ | 大豆煮　大豆たんぱく　大豆油　脱脂大豆 |
| 鶏肉 | とりにく　とり肉　鳥肉　鶏　鳥　とり<br>チキン | 焼き鳥　ローストチキン　鶏レバー<br>チキンブイヨン　チキンスープ　鶏ガラスープ |
| バナナ | ばなな | バナナジュース |
| 豚肉 | ぶたにく　豚にく　ぶた肉　豚　ポーク | ポークウインナー　豚生姜焼　豚ミンチ |
| まつたけ | 松茸　マツタケ | 焼きまつたけ　まつたけ土瓶蒸し |
| もも | モモ　桃　ピーチ | もも果汁　黄桃　白桃　ピーチペースト |
| やまいも | 山芋　ヤマイモ　山いも | 千切りやまいも |
| りんご | リンゴ　アップル | アップルパイ　リンゴ酢　焼きりんご<br>りんご飴 |
| ゼラチン | | 板ゼラチン　粉ゼラチン |

## 4　アレルギーの表示例

アレルゲンは、別記様式の“原材料名の欄”及び“添加物の欄”に表示します。

その表示方法には、「個別表示」と「一括表示」と呼ばれる２つの表示方法があります。このうち、アレルゲンを含む原材料名又は添加物の物質名の直後に括弧を付してアレルゲンを記載する「個別表示」が、食物アレルギー患者の商品選択の幅を広げるために原則とされ、個別表示で表示できない場合や個別表示がなじまない場合には、例外的に原材料欄の最後にまとめて表示を行う「一括表示」が認められています。

なお、個別表示と一括表示を組み合わせて使用することはできません。

### （１）個別表示

個々の原材料又は添加物にアレルゲンを表示する方法です。

原材料として使用した特定原材料等の名称、又はその代替表記、それらの拡大表記により、アレルゲンを表示します。加工食品を原材料として使用する場合は複合原材料として表示されますが、複合原材料の原材料の表示が省略され、複合原材料の名称だけでは特定原材料等が含まれる旨がわからないものについては、その名称の次に括弧を付して「(○○を含む)」と表示します。また、特定原材料等に由来する添加物については、添加物としての表示の次に括弧を付して「(○○由来)」と表示します。

この表示方法の場合、どの原材料にどのようなアレルゲンが含まれているかがよくわかります。

**〈個別表示の例〉**（色づけされた部分がアレルギー表示で、表中の①～③は以下の説明に対応しています）

| | |
|---|---|
| 原材料名 | 小麦粉①、砂糖、植物油脂、卵①、アーモンド①、バター②、しょうゆ(小麦・大豆を含む)②／乳化剤(大豆由来)③、膨張剤、香料(乳由来)③ |

**①単一の農畜水産物からなる原材料の表示**

表示例では、「小麦粉」「卵」「アーモンド」が特定原材料等又はそれを含む加工食品の原材料です。「小麦粉」は特定原材料である「小麦」の拡大表記になります。また、「卵」は特定原材料の１つ、「アーモンド」は特定原材料に準ずるものの１つです。

このように、単一の農畜水産物が原材料の場合は、原材料名欄にその生鮮食品又はその加工食品の名称を表示することで、特定原材料等を含むことがわかります。

一方、原材料名表示の規定で、「穀類」「肉類」「果物類」のように同種の原材料をまとめて表示できることがありますが、その原材料名からアレルゲンが含まれることを理解できなくなる場合は、そのような複合化した表示方法は認められていません。



**〈禁止された複合化表示と正しい表示例〉**

| 禁止された複合化表示 | 正しい表示例 |
|---|---|
| × 「穀類」 | ○ 「穀類（小麦、大豆）」又は「小麦、大豆」 |
| × 「肉類」、「動物性○○」 | ○ 「牛肉、豚肉、鶏肉」 |
| × 「果物類」 | ○ 「りんご、キウイフルーツ、もも」 |

### ②複合原材料の表示

表示例では、「バター」と「しょうゆ」が特定原材料等を含む複合原材料です。この２つは、一般にその名称から使用されている原材料が明らかとされる複合原材料に該当し、複合原材料の原材料が省略されています。「バター」は特定原材料である「乳」の代替表記です。「しょうゆ」は、含まれる特定原材料等に該当するアレルゲンの小麦と大豆を原材料名の次に括弧を付して「しょうゆ（小麦・大豆を含む）」と表示します。

また、しょうゆのように複数のアレルゲンが含まれているものについては、アレルゲンを「・」（ナカグロ）でつなげて表示します。

### ③添加物の表示

表示例では、「乳化剤」「香料」が特定原材料を含む添加物です。添加物には特定原材料等を原料として製造されるものがあります。このような特定原材料等を含む添加物の場合は、添加物としての表示の直後に、使用されているアレルゲンを「乳化剤（大豆由来）」や「香料（乳由来）*」のように表示します。

＊特定原材料の「乳」が複合原材料に含まれる場合は「乳成分を含む」、添加物の原材料

であった場合は「乳由来」と表示します（「関連情報」参照）。
※添加物の表示の方法については、第３章　３－４参照。

なお、同一のアレルゲンを含む原材料や添加物を２つ以上使用している場合、特定原材料等を含む旨又は由来する旨をいずれか１か所に表示していれば、それ以外の原材料や添加物については特定原材料等を含む旨又は由来する旨の表示を省略することができます。個別表示の例では、原材料として小麦粉が使用されているため、複合原材料のしょうゆの直後に表示されたアレルゲンの小麦を省略して「しょうゆ（大豆を含む）」と表示することも可能です。また、原材料としてバターが使用されているため、香料の（乳由来）も省略できます。

### （２）一括表示

使用したアレルゲンを一括して表示する方法です。

一括して表示する場合には、原材料名欄の最後（原材料名と添加物で事項欄を分けて表示する場合は、それぞれ原材料名欄の最後と添加物欄の最後）に、「（一部に○○・○○を含む）」と表示します。また、一括表示は、その食品に含まれるすべてのアレルゲンについて、特定原材料等そのものが原材料として表示されている場合や、代替表記等で表示されているものを含めてまとめて１か所に表示します。これは、一括表示部分を見ることで、その食品に含まれるすべてのアレルゲンを確認することができるように配慮したものです。

例えば、「小麦」や「卵」が原材料として表示されている場合や、「小麦粉」や「鶏卵」のように代替表記や拡大表記で表示されている場合でも、「小麦」「卵」も一括して表示することが必要です。

**【原材料名の欄と添加物の欄を設けて表示する場合】**

それぞれの欄内に含まれる（由来する）特定原材料等について、それぞれの欄内の最後に括弧を付して（一部に○○・○○を含む）と表示します。

**〈一括表示の例〉**（色づけされた部分がアレルギー表示）

| | |
|---|---|
| 原材料名 | チョコレート（砂糖、全粉乳、カカオマス、パーム油、ココアパウダー、乳糖）、小麦粉、ショートニング、砂糖、卵、ぶどう糖、麦芽糖、加工油脂、カラメルシロップ、食塩、（一部に小麦・卵・乳成分・大豆・牛肉を含む） |
| 添加物 | ソルビトール、酒精、乳化剤、膨張剤、香料、（一部に乳成分*・大豆を含む） |

＊一括表示をする場合、特定原材料の「乳」の表示方法については、添加物に含まれている場合であっても、乳由来とは記載せず「一部に乳成分・○○を含む」などと乳成分と表示します（「関連情報」参照）。



**【添加物欄を設けず原材料名欄に表示する場合】**

原材料と添加物のそれぞれに含まれる（由来する）特定原材料等について、原材料名欄の最後にまとめて表示します。

**〈一括表示の例〉**（色づけされた部分がアレルギー表示）

| | |
|---|---|
| 原材料名 | チョコレート（砂糖、全粉乳、カカオマス、パーム油、ココアパウダー、乳糖）、小麦粉、ショートニング、砂糖、卵、ぶどう糖、麦芽糖、加工油脂、カラメルシロップ、食塩 ／ ソルビトール、酒精、乳化剤、膨張剤、香料、（一部に小麦・卵・乳成分・大豆・牛肉を含む） |

**関 連 情 報**

**「乳」の表示**

特定原材料の「乳」の表示方法で、乳製品や乳等を主要原料とする食品に「乳を含む」や「乳製品を含む」と表示することは、「乳及び乳製品の成分規格等に関する省令」（乳等省令）で定義する「乳」や「乳製品」そのものを用いて製造しているかのような表現となり認められていないため、食品表示基準では、「乳」に関するアレルギー表示の表記方法を「乳成分」に統一しています。

ただし、添加物の場合には、「○○由来」の表現となるため日本語的な意味合いから、「乳成分由来」ではなく「乳由来」とします。また、添加物欄に一括表示するときは「一部に○○を含む」のように「含む」の表現となるため、「一部に○○・乳成分を含む」と表示します。

なお、「乳」の文字が入っていても、乳化剤、乳酸、乳酸菌は、特定原材料の「乳」には該当しないので注意してください。

## 5 アレルギーの情報提供

### (1) コンタミネーションに関する表示

食品を製造する際に、原材料として使用していないにもかかわらず、特定原材料等がごく微量混入(コンタミネーション)してしまう場合がありますが、これについては表示義務はありません。しかし、食物アレルギーはごく微量のアレルゲンによっても発症することがあるので、製造ラインを十分に洗浄してコンタミネーションの防止策を徹底することが食品関連事業者に求められています。

また、同一製造ラインを使用することや原材料の採取方法等により、防止対策の徹底を図っても、ある特定原材料等がまれに入ってしまうことが想定できる場合には、原材料表示欄外に食物アレルギーを持つ人に対する注意喚起表示を明確に行うことが推奨されています。

**〈注意喚起表示の例〉**

①同一製造ライン使用によるコンタミネーション

「本品製造工場では○○(特定原材料等の名称)を含む製品を生産しています。」

「○○(特定原材料等の名称)を使用した設備で製造しています。」

②原材料の採取方法によるコンタミネーション

「本製品で使用しているしらすは、かに(特定原材料等の名称)が混ざる漁法で採取しています。」

③えび、かにを捕食していることによるコンタミネーション

「本製品(かまぼこ)で使用しているイトヨリダイは、えび(特定原材料等の名称)を食べています。」

なお、特定原材料等に関する「入っているかもしれません」「入っている場

合があります」などの可能性表示は、コンタミネーションに関する表示とは異なるものであり、たとえ別記様式枠外であっても認められていません。

### （2）特定原材料に準ずるものが含まれるかの情報提供

アレルギー表示を正確に行っている場合でも、「特定原材料に準ずるもの」については表示が義務付けられていないことから、該当する20品目の表示がされていない場合に、食物アレルギー患者は、その食品が「特定原材料に準ずるものを使用していない」のか、「特定原材料に準ずるものを使用しているが、表示がされていない」のかの判断をすることが困難です。

このため、表示しているアレルゲンの対象範囲について、特定原材料8品目のみを対象としているのか、特定原材料に準ずるものを含む28品目を対象としているのかが明確となるように、「この食品は28品目のアレルゲンを対象範囲としています。」「アレルゲンは義務8品目を対象範囲としています。」「アレルゲン（28品目対象）」等と、別記様式枠外の近接した箇所に表示したり、ウェブサイト等を活用して消費者等に情報提供する努力が、食品関連事業者に求められるようになりました。

## 6 アレルゲンが含まれていても表示義務がない場合

必ず表示しなければならない特定原材料8品目が含まれていても、以下のような場合は、表示義務がありません。

**〈表示義務のない事例〉**

①店頭で量り売りする惣菜や、調理パンのようにその場で包装するもの
②注文を受けて作るお弁当

事例のような対面販売や、外食産業の事業者に対しては、アレルギー表示のみならず、食品表示自体が義務表示の対象ではないため、アレルギーの情報についても表示されていないことがあります。

しかし、健康被害防止のために食物アレルギーを持つ人への情報提供の充実を図ることが推奨されており、自主的に、品書き、メニュー等を利用して情報提供している店も増えています。

# 3-3-3

# 原材料名〈遺伝子組換え食品の表示について〉

・名称
・原材料名・遺伝子組換え表示
・添加物
・原料原産地名
・内容量
・消費期限／賞味期限
・保存方法
・原産国名（輸入品のみ）
・製造者等の名称及び住所

## 1 遺伝子組換え食品とは

遺伝子組換え技術は、ある生物が持つ有用な遺伝子を、他の生物のDNA配列の中に組み入れて、新たな性質を加える技術で、農業分野では品種改良のために使われています。

この技術を利用して作られた農産物とその加工食品を「遺伝子組換え食品」といいます。害虫に強い性質や除草剤の影響を受けない性質を導入した大豆、とうもろこし、なたね、ばれいしょ（じゃがいも）等があります。また、従来の大豆とは異なりステアリドン酸を産生する大豆等のように組成や栄養価が異なる農産物が開発されています。

遺伝子組換え農産物については品種ごとに、食品としての安全性については「食品安全基本法」及び「食品衛生法」、日本国内の野生動植物への影響は「カルタヘナ法」に基づいて、それぞれ科学的に評価し、安全性が確認されたものだけが国内に流通する仕組みとなっています。

安全性に関する審査のポイントは次のとおりです。

〈食品としての安全性審査のポイント〉
・遺伝子を組み込む前の食品の食経験や、挿入遺伝子、それを運ぶ役割のDNAの安全性
・挿入遺伝子が働くメカニズム
・挿入遺伝子により産生されるたんぱく質の有害性の有無
・アレルギー誘発性の有無
・挿入遺伝子が間接的に作用し、他の有害物質を産生する可能性の有無
・遺伝子を挿入したことにより栄養成分に重大な変化を起こす可能性の有無

（厚生労働省の遺伝子組換えQ&Aより）

これらの安全性審査を受けていない遺伝子組換え農産物の生産及び流通は、法令で禁止されています。また、現在のところ、日本国内では食用の遺伝子組換え農産物の生産は行われていません。

## 2 義務表示の対象になる遺伝子組換え食品

安全性が確認された９つの遺伝子組換え農産物とその加工食品について、食品表示基準に基づいた表示のルールが定められています。

遺伝子組換え食品の義務表示の対象となる食品は、次の①、②及び③の場合です。

**①食品としての安全性が確認されている９農産物**

●大豆（枝豆、大豆もやしを含む。）　●とうもろこし　●ばれいしょ　●なたね　●綿実　●アルファルファ　●てん菜　●パパイヤ　●からしな

**②この９農産物を主な原材料とするもので、加工工程後も組み換えられたDNA又はこれによって生じたたんぱく質が検出できる加工食品33食品群**

●豆腐　●納豆　●豆乳類　●みそ　●大豆缶詰　●きな粉　●コーンスナック菓子　●コーンスターチ　●ポップコーン　●冷凍とうもろこし

●冷凍ばれいしょ　●ポテトスナック菓子　等

### ③大豆、とうもろこし、なたねのうち、組成や栄養価が異なる農産物及びこれらを原材料として使用した加工食品（大豆油等）

これらの遺伝子組換え農産物では、遺伝子組換えの特徴である、組み換えられたDNA又はこれによって生じたたんぱく質以外にも、従来の農産物と異なる形質があることから、②と異なり、加工食品においてDNA等が検出できなくても義務表示が必要です。

これらの例として、以下のようなものがあります。

・ステアリドン酸産生遺伝子組換え大豆（大豆油などの加工食品）
・高リシン遺伝子組換えとうもろこし（主に飼料用に使用されている）
・エイコサペンタエン酸（EPA）産生なたね（菜種油などの加工食品）
・ドコサヘキサエン酸（DHA）産生なたね（菜種油などの加工食品）

### ④遺伝子組換え表示の対象にならない加工食品

一方、③のような特別な形質を有する遺伝子組換え農産物ではなく、②のような従来の農産物と組成や栄養価が同じである遺伝子組換え農産物を原材料とした食品の場合、加工工程後に組み換えられたDNA及びこれによって生じたたんぱく質が除去・分解される加工食品は、遺伝子組換え食品の義務表示の対象食品ではありません。

これらの例としては、以下のようなものがあります。

・大豆では、しょうゆ、大豆油
・とうもろこしでは、水飴、液糖、コーン油、コーンフレーク
・なたねでは、菜種油
・綿実では、綿実油
・てん菜では、砂糖

### ⑤加工食品において遺伝子組換え表示が必要な原材料の範囲

また、遺伝子組換え表示が必要な原材料とは、原材料に占める重量の割合が上位3位までのもので、かつ原材料及び添加物の重量に占める割合が5％以上のものです。

この条件に該当しない原材料では、遺伝子組換え食品の表示を省略することができます。

## 3 表示のルール

遺伝子組換え農産物と非遺伝子組換え農産物が「生産」「流通」及び「加工」の各段階で分別管理され、そのことが書類により証明されている管理の方法を、「分別生産流通管理（IP ハンドリング）」といいます。

その管理の状態によって、以下の３つの遺伝子組換え食品の表示ルールが定められています。



**図表1　遺伝子組換え食品の表示ルール**

| 分別生産流通管理 | 遺伝子組換え状況 | 表示義務と表示方法 | | |
|---|---|---|---|---|
| 分別している | 遺伝子組換え | 義務表示 | 遺伝子組換え<br>例「大豆（遺伝子組換え）」 | 表示例 A |
| | 非遺伝子組換え | 任意表示 | ※任意表示として、「分別生産流通管理済」または「遺伝子組換えでない」と表示できる。<br>例「大豆（遺伝子組換えでない）」 | 表示例 B |
| 分別していない | 遺伝子組換え及び非遺伝子組換え | 義務表示 | 遺伝子組換え不分別<br>例「大豆（遺伝子組換え不分別）」 | 表示例 C |

遺伝子組換え表示義務があるのは表示例Ａの「遺伝子組換えされた農産物とその加工品」及び表示例Ｃの「遺伝子組換えされた農産物と遺伝子組換えではない農産物が分別されていない農産物とその加工品」です。

一方で、表示例Ｂの「遺伝子組換えでない」という表示は、事業者の判断による任意の表示です。2023年（令和５年）3月31日以前の食品表示基準では、分別生産流通管理を行った上で、遺伝子組換えの混入率が5％以下であれば、「遺伝子組換えでない」と表示できましたが、同年４月からの食品表示基準では、定められた分析法で遺伝子組換えが検出されない場合にのみ「遺伝子組換えでない」と表示できることに厳格化されました。すなわち2023年の改正では、「遺伝子組換えでない」との表示が、旧基準では「5%以下」であり、新基準では「不検出」と表示内容の意味合いが異なることに、十分注意が必要です。なお、遺伝子組換え農産物が混入しないように分別生産流通管理が行われた農産物を原材料とする場合は、5%以下の一定の意図せざる混入があっても、「分別生産流通管理済み」等の任意表示は可能です。

**〈遺伝子組換え食品の表示例（米みその例）〉**

表示例 A **〈遺伝子組換え食品を使用した場合の表示例〉（義務表示）**

| | |
|---|---|
| 原材料名 | 米（国産）、大豆（遺伝子組換え）、食塩／調味料（アミノ酸等）、保存料（ソルビン酸） |

表示例 B **〈非遺伝子組換え食品を使用した場合の表示例〉（任意表示）**

- **分別生産流通管理が適切に行われ、遺伝子組換え農産物の混入がないと確認されているもの**

| | |
|---|---|
| 原材料名 | 米（国産）、大豆（遺伝子組換えでない）、食塩／調味料（アミノ酸等）、保存料（ソルビン酸） |

- **分別生産流通管理が適切に行われているが、遺伝子組換え農産物の混入がないことまでは確認されていないもの**

| | |
|---|---|
| 原材料名 | 米（国産）、大豆（分別生産流通管理済）、食塩／調味料（アミノ酸等）、保存料（ソルビン酸） |

表示例 C **〈遺伝子組換え食品を分別しないで使用した場合の表示例〉（義務表示）**

| | |
|---|---|
| 原材料名 | 米（国産）、大豆（遺伝子組換え不分別）、食塩／調味料（アミノ酸等）、保存料（ソルビン酸） |

# 3-4 添加物の表示について

- ・名称
- ・原材料名
- ・添加物
- ・原料原産地名
- ・内容量
- ・消費期限／賞味期限
- ・保存方法
- ・原産国名（輸入品のみ）
- ・製造者等の名称及び住所

## 1 添加物とは

添加物とは、食品衛生法により「食品の製造の過程において又は食品の加工若《も》しくは保存の目的で、食品に添加、混和、浸潤その他の方法によって使用するものをいう。」と定義されています。

添加物は、通常それ自身のみで食品として食べられることはなく、また、食品の主要な原材料として利用されるものでもなく、あくまでも食品を製造、加工する際に、さまざまな目的で食品に添加されるものです。

現在、我が国で使用が認められている添加物の分類は、次のようになっています（図表１）。

**図表1　添加物の分類**

**指定添加物**

合成や天然など製造方法にかかわらず、安全性について食品安全委員会の評価を受け、内閣総理大臣が食品衛生法第13条に基づいて個別に指定したもの
例）　アスパルテーム、食用赤色2号、β-カロテン、ソルビン酸　等

**既存添加物**

長年使用されていた実績があるものとして厚生労働大臣が認めたもの
例）　アラビアガム、ウコン抽出物、クチナシ黄色素、活性炭　等

**天然香料**

リンゴや緑茶、乳などの動植物から得られた、食品の着香を目的として使用される添加物であり、長年の食経験で健康被害がないとして使用が認められているもの
例）　オレンジ香料、コーヒー香料、チーズ香料、バニラ香料　等

**一般飲食物添加物**

一般に食品として飲食に供されているもので、これを添加物として使用するもの
例）イチゴジュースやオレンジ果汁を着色の目的で使用する場合
寒天やこんにゃくの成分であるマンナンを増粘の目的で使用する場合　等

## 2　添加物の用途

添加物の用途は、大きく以下の5つに区分されます。

①加工食品を作る⇒増粘剤、食品の製造や加工のために必要な製造用剤　等
②食品の劣化を防ぐ⇒保存料、酸化防止剤、防かび剤　等
③栄養を強化する⇒栄養強化剤
④食品の風味をよくする⇒甘味料、調味料　等
⑤食品を美化する⇒着色料、漂白剤、発色剤　等

用途ごとに、主な添加物をまとめると、図表2のようになります。

## 図表2　添加物の用途と主な物質名

| | 用途 | 目的 | 物質名の例 |
|---|---|---|---|
| 加工食品を作る | 増粘剤・安定剤・ゲル化剤又は糊料* | なめらかさや粘り気を与えたり、粘性を高めて食品成分を均一に安定させる。 | カラギナン、カルボキシメチルセルロースナトリウム（CMC)、キサンタンガム、グァーガム、ペクチン |
| | ガムベース | チューインガムの基材 | 酢酸ビニル樹脂、ジェルトン、チクル |
| | 乳化剤 | 本来混じり合わないものを混ぜ合わせる。 | グリセリン脂肪酸エステル、卵黄レシチン |
| | 水素イオン濃度調整剤（pH 調整剤） | 食品の pH を適切な範囲に調節し、食品の変質、変色を防止したり、他の添加物の効果を向上させる。 | クエン酸、DL- リンゴ酸、炭酸ナトリウム |
| | 膨張剤 | 蒸し菓子や焼き菓子をふっくらと膨張させる。 | 炭酸水素ナトリウム、硫酸アルミニウムカリウム（ミョウバン） |
| | 製造用剤 | 統一的な用途名によって分類が難しい添加物の総称（豆腐用凝固剤、軟化剤、抽出溶剤、日持ち向上剤、離型剤、ろ過助剤等） | かんすい、<br>塩化マグネシウム（豆腐用凝固剤）、<br>グルコノデルタラクトン（豆腐用凝固剤）、<br>プロピレングリコール（軟化剤）、<br>アスパラギナーゼ（酵素） |
| 食品の劣化を防ぐ | 保存料* | 腐敗や変敗の原因となる微生物の増殖を抑制し、保存性を高める。 | 安息香酸、安息香酸ナトリウム、<br>しらこたん白抽出物、<br>ソルビン酸、ソルビン酸カリウム |
| | 酸化防止剤* | 酸化による品質の低下を防止する。 | L - アスコルビン酸（ビタミンC）、カテキン、dl- α - トコフェロール（ビタミンE） |
| | 防かび剤* | 柑橘類やバナナ等のかびの発生を抑制する。 | イマザリル、オルトフェニルフェノール（ＯＰＰ）、チアベンダゾール（ＴＢＺ）、 ジフェニル、フルジオキソニル |
| 栄養強化 | 栄養強化剤 | 栄養成分を強化する。 | ビタミン類（L- アスコルビン酸（ビタミンC、V．C））、ミネラル類 ( 亜鉛塩類)、アミノ酸類（L- アスパラギン酸ナトリウム） |
| 食品の風味をよくする | 甘味料* | 食品に甘味を与える。 | アスパルテーム、カンゾウ抽出物、キシリトール、サッカリン、ステビア抽出物 |
| | 調味料 | 食品に旨味等を与え、味を調える。 | アミノ酸（L- アスパラギン酸ナトリウム）、核酸（5'- イノシン酸二ナトリウム）、有機酸（クエン酸カルシウム）、無機塩（塩化カリウム） |
| | 酸味料 | 酸味を与えたり、酸味の調整や味の調和を図る。 | クエン酸、L- 酒石酸、乳酸 |
| | 苦味料 | 食品に苦味を与える。 | カフェイン、ナリンジン、ニガヨモギ抽出物 |
| | 香料 | 食品に香気を与える。 | 香料（アセト酢酸エチル）、<br>天然香料（リンゴ香料） |

| | 用途 | 目的 | 物質名の例 |
|---|---|---|---|
| 食品を美化する | 着色料* | 着色して色調を整える。 | アナトー色素、ウコン色素、果汁（オレンジ果汁）、β - カロテン、コチニール色素、食用赤色２号 |
| | 漂白剤* | 原料等に含まれる好ましくない色素成分や着色物質を無色にし、鮮明な色調に整える。 | 亜硫酸ナトリウム、二酸化硫黄 |
| | 発色剤* | ハム・ソーセージ等の色調と風味を調整する。 | 亜硝酸ナトリウム、硝酸カリウム、硝酸ナトリウム |
| | 光沢剤 | 食品の水分の蒸発を防いだり、湿気から食品を保護する。また、食品の表面に光沢を与える。 | シェラック、パラフィンワックス、ミツロウ |

＊表内に色をつけた８種類は用途名併記が必要な添加物（次項参照）。

## 3 表示のルール

添加物の表示は、その物質や用途ごとの表示方法のほか、表示する箇所や順序まで食品表示基準により細かく定められています。

また、容器包装に入れられた加工食品では、原則として、使用したすべての添加物を表示することが義務付けられています。

### 【表示する箇所】

原則として、別記様式枠内に「添加物」の欄を設けて表示します。ただし、別記様式枠内の「原材料名欄」に食品である原材料とスラッシュ等の記号や改行で明確に区分して表示する方法も認められています。

※添加物を原材料名欄に表示する方法については、第３章　３－３－１参照。

### 【表示方法の原則】

添加物は、食品である原材料と同様に、添加物に占める重量の割合の高いものから順に表示します。

このとき、複合原材料に含まれている添加物についても、その食品に使用した他の添加物とまとめて重量の割合の高いものから順に表示します。

**【個々の添加物の表示方法】**

添加物の表示は、物質名で表示することが原則とされています。

ただし、添加物によっては物質名とあわせて必ず「用途名」を併記することが定められているものや、物質名を表示せずに使用する目的がわかる「一括名」で表示してもよいとされる添加物があります。

### （1）物質名による表示

添加物については、その添加物の物質名を表示します。物質ごとに定められた名称のほかにその別名や簡略名（又は類別名）で表示することもできます。

**〈物質に定められた名称、別名、簡略名又は類別名の例〉**

| 名称 | 別名 | 簡略名又は類別名 |
|---|---|---|
| エタノール | エチルアルコール | アルコール、酒精 |

### （2）用途名併記による表示

次の８種類の用途については、消費者の選択に役立つ情報として、原則として物質名にその添加物の「用途名」をあわせて表示することが義務付けられています。

①甘味料　②着色料　③保存料　④増粘剤・安定剤・ゲル化剤・糊料
⑤酸化防止剤　⑥発色剤　⑦漂白剤　⑧防かび剤

例：甘味料（サッカリンNa）

なお、甘味料として使用されるアスパルテームには「L－フェニルアラニン化合物を含む旨」をあわせて表示します。

例：甘味料（アスパルテーム・L－フェニルアラニン化合物を含む）

また、着色料の場合、表示する物質名に「色」の文字があれば用途名である着色料の併記は省略することができます。

例：着色料（赤２）、食用赤色２号、赤色２号

### （3）一括名による表示

次の14種類の一括名については、一括名となっている使用目的の機能を十

分発揮させるために、複数の添加物を配合している場合が多く、個々の成分を表示する必要性が低いものとして、通知「食品表示基準について」で定められた一括名の定義（目的）及び添加物の範囲に該当する場合に限って、物質名を表示する代わりに一括名表示をすることが認められています。

①イーストフード　②ガムベース　③かんすい　④苦味料　⑤酵素
⑥光沢剤　⑦香料　⑧酸味料　⑨軟化剤　⑩調味料
⑪豆腐用凝固剤　⑫乳化剤　⑬水素イオン濃度調整剤・pH調整剤
⑭膨脹剤・膨張剤・ベーキングパウダー・ふくらし粉

なお、⑩調味料とは、添加物としての調味料であり、その多くは「だし」として昔から使われてきた昆布やかつおぶしの中のうま味成分を化学的に合成したり、抽出した物質です。

これらの物質はその成分によってアミノ酸、核酸、有機酸、無機塩の４つのグループに分類され、一括名で表示を行う際には、一括名の「調味料」の文字の後ろに括弧を付して「調味料（アミノ酸）」のように、成分のグループ名を表示します。また、グループの異なるうま味成分を２種以上使用している場合は、その使用量、使用目的等から代表的なものに「等」をつけて括弧内に記載し、「調味料（アミノ酸等）」のように表示します。

### （4）アレルゲンに由来する添加物の表示

特定原材料等のアレルゲンを含む添加物は、以下のように特定原材料等に由来する添加物である旨を表示します。

1.「物質名（○○由来）」例：カゼインナトリウム（乳由来）
　　　　　　　　　　　　　レシチン（卵由来）
2.「用途名（物質名：○○由来）」
　　　　　　　　　　　　例：保存料（しらこたん白抽出物：さけ由来）
3.「一括名（○○由来）」例：乳化剤（大豆由来）

このように添加物は、「**(1) 物質名による表示**」「**(2) 用途名併記による表示**」「**(3) 一括名による表示**」の３つの記載方法で、また添加物がアレルゲンを含む場合は **(4)** で紹介した方法で表示されます。ただし、複合原材料に使用された添加物の一部については表示されないなど、表示が免除される場合があります。

**〈添加物の基本的な表示例〉**

| | |
|---|---|
| 名称 | 洋菓子 |
| 原材料名 | 小麦粉(国内製造)、砂糖、加工油脂、・・・・ |
| 添加物 | ソルビトール(1)、膨張剤(3)、香料(3)、乳化剤（大豆由来）(3)、酸味料(3)、セルロース(1)、酸化防止剤（V.E）(2)、着色料（カラメル、カロテン）(2) |

(1) 物質名による表示
(2) 用途名併記による表示
(3) 一括名による表示

## 【表示が免除されているケース】

使用した添加物は、すべて表示することが原則です。ただし、次のようなケースでは、該当する添加物の表示が免除されています。

### (1) 加工助剤

食品の加工の際に使用されるもののうち、完成前に除去されたり、食品中にごくわずかな量しか残らず最終食品に影響がない添加物や、最終的にその食品に含まれている成分と同じ成分となるもので、その成分の量もほとんど増加させないもの

例：砂糖の精製に使用した「骨炭」、食品の保存のため包装時にガス置換した「二酸化炭素」

### （2）キャリーオーバー

その食品の原材料として使用される加工食品（複合原材料）に使用されている添加物で、最終食品には残っていても微量であり効果を発揮しないもの

例：肉じゃがのしょうゆに使用した「保存料（安息香酸）」

### （3）栄養強化の目的で使用されるもの

栄養強化の目的で使用されたビタミン類、アミノ酸類、ミネラル類については、表示を省略できます。

例：菓子に栄養強化の目的で使用された「ビタミンC」

ただし、調製粉乳、調製液状乳、果実飲料、豆乳類、即席めん等のように栄養強化の目的で使用されるものであっても表示の省略を認めていない品目もあります。

なお、同じ添加物でも、栄養強化以外の目的で使用する場合は表示しなければなりません。例えば、清涼飲料水に、栄養強化の目的ではなく酸化防止の目的でビタミンＣを使用した場合は､「酸化防止剤（ビタミンC)」と表示します。

### 【特定原材料等に由来する添加物の表示を省略する場合】

特定原材料等に由来する添加物については、その添加物自体の表示の省略が可能な場合であっても、アレルゲンに関する表示の省略は認められません。

この場合は、添加物の表示を省略せずに個別にアレルギー表示を行うか、アレルゲンをまとめて一括で表示する方法により、添加物そのものの表示を省略したまま製品に含まれるアレルゲンを表示します。

### 【食品添加物の不使用表示について】

食品添加物の不使用表示に関しては、消費者に誤認を与えないよう留意が必要な具体的手法をまとめたガイドラインが2022年（令和４年）３月に公表されています。

※食品添加物の不使用表示については、Column 1参照。

**関 連 情 報**

**添加物の安全性の試験方法**

添加物は、食品に含まれ毎日のように口にするものなので、安全でなくてはいけません。

そこで、食べ物に使うことのできる、主に化学合成された指定添加物の量は、ラットやマウス等の動物実験で、国際的な機関が無害と確かめた量（無毒性量）の通常1/100の量を、毎日食べ続けても安全な量（1日摂取許容量：ADI）とし、さらに、この量よりずっと少なくなるように法律で使い方が決められています。

# 3-5 原料原産地名の表示について

- 名称
- 原材料名
- 添加物
- 原料原産地名
- 内容量
- 消費期限／賞味期限
- 保存方法
- 原産国名（輸入品のみ）
- 製造者等の名称及び住所

## 1 原料原産地表示とは

原料原産地とは、加工食品の“原料として使われた一次産品（農畜水産物）の原産地”を示す用語です。ただし、2017年（平成29年）の原料原産地表示制度の改正で、原料として使われたものが加工食品（以下「中間加工原材料」という。）であった場合には、中間加工原材料の「製造地」も原料原産地として表示してよいこととなりました。

似たような言葉として、「原産地」と「原産国」がありますが、「原産地」は農畜水産物が生産収穫された場所等を示し、「原産国」は輸入された加工食品の表示事項名に用いられる用語で、輸入食品を加工又は製造した国を示すものです。

なお、加工食品全般について、表示された産地名が加工地を示すのか、原料の産地を示すのかが不明瞭な表示は、禁止されています。

**関 連 情 報**

**誤認を与えた過去の表示の一例**

「沼津産あじの開き」「紀州産梅干し」という表示は、「沼津で水揚げされたあじ」「和歌山で収穫された梅」を原料に使用しているととらえられますが、実際には原料を輸入し、加工だけをその場所で行っていたという事例があったため、表示する産地名が「原料のとれた場所を表す地名」なのか、「加工した場所を表す地名」なのかが不明確な表示は、禁止されています。

※第4章　4－10参照。



## 2　原料原産地名表示の義務化

加工食品の製造に用いる原料について、その調達先の多様化やグローバル化が進むにつれ、加工食品の原料の原産地についても表示を見て知った上で、商品選択をしたいという消費者の要望が高まりました。

2000年（平成12年）から、加工食品の品目ごとの製造・流通実態等を踏まえた検討が行われて原料原産地表示を義務付ける品目が決められました。まず、“梅干し”と“らっきょう漬け”が対象とされ、その後順次増え、22の食品群と4つの品目を対象として、国別重量順に原料原産地を表示することになっていました。

さらに、2016年（平成28年）から、「加工食品の原料原産地表示制度に関する検討会」で、原料原産地名表示について検討が重ねられ、

・国内で製造又は加工されたすべての加工食品を原料原産地表示の対象とすること
・原材料のうち、重量が第1位のものに原料原産地名を表示すること
・国別重量順表示を原則とするが、表示の実行可能性を考慮し「又は表示」やその他の表示方法も認めること
・すでに実施されていた22の食品群+4品目は、これまでと同じ国別重量順の原料原産地表示ルールを適用すること
・おにぎりののりも、個別に原料原産地表示の対象品目に加えること

等の方針が取りまとめられ、これに沿って原料原産地表示に関して食品表示基準が改正され2017年（平成29年）9月に施行されました。経過措置期間を経

て2022年（令和４年）４月より完全施行となっています。

新しい原料原産地表示の方法は、原料原産地名欄を設けて表示するか、又は原材料名欄に表示された原材料名の次に括弧書きで表示します。

表示すべき原材料が国内産である場合は、「国産である旨」を表示することが原則ですが、都道府県名その他一般に知られている地名で表示することもできます。

原材料を輸入している場合は、その食品の「原産地の国名」を表示します。

## 3 従来、原料原産地表示義務のあった22の食品群＋４品目におにぎりののりを加えた個別の表示ルール（以下、22の食品群と５品目）

従来、原料原産地表示義務のあった、22の食品群と４つの品目については、これまでと同じ原料原産地表示ルールを適用し、対象となる農畜水産物の産地の国名を表示することになっています。これにおにぎりののりを加えた22の食品群と５品目が、原料原産地名に関する個別の表示ルールの対象となります。

### 【22の食品群】

これらの食品については、製品の原材料及び添加物に占める、単一の農畜水産物の重量の割合が50%以上である食品が、従来のルール（国別重量順）による表示の対象となります。

食品の例：切り干し大根、ゆでたタケノコ、カット野菜ミックス、緑茶・緑茶飲料、切りもち、黒糖、合挽肉、塩蔵わかめ、かつおのたたき

※対象になる食品群の一覧は、資料編参照。

### 【４つの品目とおにぎりののりの合計５品目】

**「うなぎ加工品」「かつお削りぶし」「農産物漬物」「野菜冷凍食品」**

これらの食品には個別ルールとして以前から原料原産地名の表示が定められています。

かつお削りぶしはかつおのふしの製造地を原料原産地名として表示します。農産物漬物や野菜冷凍食品においては重量が第２位以下の原材料にも一定の範囲で原料原産地名の表示が必要となる点に注意が必要です。

※農産物漬物の原料原産地名表示については、第4章　4－3参照。

### 「おにぎりののり」

個別の品目に加えられた「おにぎりののり」の「おにぎり」は、炊飯米又は炊飯米と具材を組み合わせた料理をのりで巻いたもの（のりを自ら巻く形態で販売されているものを含む）で、コンビニエンスストアで購入する機会が多いものです。これらのおにぎりだけを容器に詰めたものも含みますが、おかずとおにぎりを一緒に容器包装に入れた弁当や、巻きずしなどいわゆるお寿司に該当するものは対象外です。

おにぎりにおいて、一般的に最も重量割合の高いのは炊飯米であり、この炊飯米については、米トレーサビリティ法の規定に基づき、米の産地情報を表示します。その上で、のりについて、原料原産地表示ルールに基づき、のりの名称の次に括弧を付して、当該のりの原料となる原そうの原産地を「のり（原そう（国産））」と表示します。具体的にはのりとのりの原そうの産地が同一となることから、「のり（国産）」と表示することもできます。

## 4　新しい原料原産地表示の基本

改正された原料原産地表示制度では、輸入品以外の国内で製造、加工されたすべての加工食品を原料原産地表示の対象とし、その原材料のうちで重量の比率が第１位となるもの（以下「対象原材料」という。）に原料原産地名を表示することが必要です。

なお従来、原料原産地表示制度の対象であった22の食品群では、重量割合上位１位の原材料が50%以上の場合には、引き続き前節で示した従来のルールが適用されます。したがって、後述するすべての加工食品に適用される新しい原料原産地表示ルールの「又は表示」や「大括り表示」などは使用できません。なお、22の食品群のうち、これまで原料原産地名の表示義務がなかった、重量割合上位１位であっても50%未満の原材料には、新しい原料原産地表示の表示ルールが適用されますので注意が必要です。

ただし、以下の他法令によって原料の原産地表示が義務付けられている場合はそちらが優先されるため、食品表示基準による原料原産地表示は必要ありません。

**「酒税の保全及び酒類業組合等に関する法律（酒類業組合法）」**

例：国内製造ワイン等

**「米穀等の取引等に係る情報の記録及び産地情報の伝達に関する法律（米トレーサビリティ法）」**

例：米加工品等

原料原産地表示には以下の［ルール］があります。

**［ルール①］**

対象原材料の産地について、国別に重量割合の高いものから順に国名を表示する「国別重量順表示」を原則とする。

**［ルール②］**

対象原材料が加工食品の場合、中間加工原材料の「製造地」を表示する。

**［ルール③］**

原産国が３か国以上ある場合は、重量割合の高いものから順に国名を表示し、３か国目以降を「その他」と表示することができる。

**［ルール④］**

「国別重量順表示」が難しい場合には、一定の条件の下で、「又は表示」「大括り表示」及び「大括り表示＋又は表示」の表示を認める。

**【国別重量順表示】**

対象原材料の産地を原材料名に対応させて表示し、産地が複数の国にわたる場合は、重量の割合の高い国から「、」でつないで表示します。**［ルール①］**

22の食品群＋５品目以外の加工食品についても「国別重量順」に原料原産地を表示することが原則です。

〈国別重量順表示の例〉

**原料原産地名欄を設けて表示**

| | |
|---|---|
| 名称 | ポークソーセージ（ウインナー） |
| 原材料名 | 豚肉、豚脂肪、たん白加水分解物、還元水あめ、食塩、香辛料／調味料（アミノ酸等）、リン酸塩（Ｎａ、Ｋ）、・・・ |
| 原料原産地名 | アメリカ（豚肉） |

**原料原産地を原材料の次に括弧を付して表示**

| | |
|---|---|
| 名称 | ポークソーセージ（ウインナー） |
| 原材料名 | 豚肉（アメリカ）、豚脂肪、たん白加水分解物、還元水あめ、食塩、香辛料／調味料（アミノ酸等）、リン酸塩（Ｎａ、Ｋ）、・・・ |

対象原材料の産地が３か国以上ある場合は、重量割合の高い国から順に表示し、３か国目以降を「その他」と表示することができます。**［ルール③］**

**原料原産地が３か国以上ある場合で「その他」を用いた表示**

| | |
|---|---|
| 名称 | ポークソーセージ（ウインナー） |
| 原材料名 | 豚肉、豚脂肪、たん白加水分解物、還元水あめ、食塩、香辛料／調味料（アミノ酸等）、リン酸塩（Ｎａ、Ｋ）、・・・ |
| 原料原産地名 | カナダ、アメリカ、その他（豚肉） |

**「その他」を用いて原料原産地を原材料の次に括弧を付して表示**

| | |
|---|---|
| 名称 | ポークソーセージ（ウインナー） |
| 原材料名 | 豚肉（カナダ、アメリカ、その他）、豚脂肪、たん白加水分解物、還元水あめ、食塩、香辛料／調味料（アミノ酸等）、リン酸塩（Ｎａ、Ｋ）、・・・ |

**「その他」を用いて表示箇所を明示した上で枠外に表示**

| | |
|---|---|
| 名称 | ポークソーセージ（ウインナー） |
| 原材料名 | 豚肉、豚脂肪、たん白加水分解物、還元水あめ、食塩、香辛料／調味料（アミノ酸等）、リン酸塩（Ｎａ、Ｋ）、・・・ |
| 原料原産地名 | 枠外下部に記載 |

| |
|---|
| 原料豚肉の原産地名<br>カナダ、アメリカ、その他 |

「国別重量順表示」が難しい場合に認められている表示方法としては、「又は表示」「大括り表示」及び「大括り表示＋又は表示」があります。**［ルール④］**

## 【又は表示】

「又は表示」は、産地となる可能性がある複数国を、使用が見込まれる重量割合の高い国から順に「又は」でつないで表示する方法で、過去の使用実績又は将来の使用計画に基づき表示されるものです。一定期間における国別使用実績又は使用計画からみて、国別重量順表示が困難な場合に用いることができます。

「又は表示」をする場合は、一定期間における使用実績等における対象原材料に占める重量の割合の高いものから順に表示した旨を付記する必要があります。

なお、使用割合が５％未満である対象原材料の原産地については、誤認防止のために、当該原産地の次に括弧を付して、一定期間における使用割合が５％未満である旨を表示します。

### 〈又は表示の表示例〉

### 原料原産地名欄を設けて表示

| | |
|---|---|
| 名称 | ポークソーセージ（ウインナー） |
| 原材料名 | 豚肉、豚脂肪、たん白加水分解物、還元水あめ、食塩、香辛料／調味料（アミノ酸等）、リン酸塩（Ｎａ、Ｋ）、・・・ |
| 原料原産地名 | アメリカ又はカナダ（5％未満）（豚肉） |

※豚肉の産地は、20XX 年度の使用実績順

### 原料原産地を原材料の次に括弧を付して表示

| | |
|---|---|
| 名称 | ポークソーセージ（ウインナー） |
| 原材料名 | 豚肉（アメリカ又はカナダ（5％未満））、豚脂肪、たん白加水分解物、還元水あめ、食塩、香辛料／調味料（アミノ酸等）、リン酸塩（Ｎａ、Ｋ）、・・・ |

※豚肉の産地は、20XX 年度の使用実績順

## 【大括り表示】

「大括り表示」は、３か国以上の外国の産地表示を「輸入」と括って表示する方法です。一定期間における国別使用実績又は使用計画からみて、国別重量順表示が困難な場合に用いることができます。輸入品と国産を混合して使用する場合には、輸入品と国産との間で、重量割合の高いものから順に「(輸入、国産)」のように表示します。なお、対象原材料が、中間加工原材料に該当する場合は「外国製造」として括ります。**[ルール②]**

**〈大括り表示の表示例〉**

**原料原産地名欄を設けて表示**

| | |
|---|---|
| 名称 | ポークソーセージ（ウインナー） |
| 原材料名 | 豚肉、豚脂肪、たん白加水分解物、還元水あめ、食塩、香辛料／調味料（アミノ酸等)、リン酸塩（Ｎａ、Ｋ)、・・・ |
| 原料原産地名 | 輸入（豚肉) |

**原料原産地を原材料の次に括弧を付して表示**

| | |
|---|---|
| 名称 | ポークソーセージ（ウインナー） |
| 原材料名 | 豚肉（輸入)、豚脂肪、たん白加水分解物、還元水あめ、食塩、香辛料／調味料（アミノ酸等)、リン酸塩（Ｎａ、Ｋ)、・・・ |

## 【大括り表示＋又は表示】

「大括り表示＋又は表示」は、過去の使用実績等に基づき、３か国以上の外国の産地を「輸入」と括って表示できるとした上で、「輸入」と「国産」を、使用が見込まれる重量割合の高いものから順に、「又は」でつないで表示する方法です。一定期間における国別使用実績又は使用計画からみて、大括り表示のみでは表示が困難な場合に用いることができます。

「大括り表示＋又は表示」をする場合は、一定期間使用割合の高いものから順に表示した旨を付記する必要があります。

なお、使用割合が５％未満である対象原材料の原産地については、誤認防止のために、当該原産地の次に括弧を付して、一定期間における使用割合が５％未満である旨を表示します。

〈大括り表示＋又は表示の表示例〉

### 原料原産地名欄を設けて表示

| 名称 | ポークソーセージ（ウインナー） |
|---|---|
| 原材料名 | 豚肉、豚脂肪、たん白加水分解物、還元水あめ、食塩、香辛料／調味料（アミノ酸等）、リン酸塩（Na、K）、・・・ |
| 原料原産地名 | 輸入又は国産（5%未満）（豚肉） |

※豚肉の産地は、20XX年度の使用実績順

### 原料原産地を原材料の次に括弧を付して表示

| 名称 | ポークソーセージ（ウインナー） |
|---|---|
| 原材料名 | 豚肉（輸入又は国産（5%未満））、豚脂肪、たん白加水分解物、還元水あめ、食塩、香辛料／調味料（アミノ酸等）、リン酸塩（Na、K）、・・・ |

※豚肉の産地は、20XX年度の使用実績順

## 【製造地での表示】

対象原材料が加工食品の場合は、原則として、当該中間加工原材料の製造地を「○○製造」と表示します。**［ルール②］**

この場合も、複数の国から仕入れた中間原材料を混合して使用している場合は、国別に重量の割合の高い順に表示します。**［ルール①］**

「国別重量順表示」が難しい場合に認められている表示方法としては、「又は表示」「大括り表示」及び「大括り表示＋又は表示」があります。**［ルール④］**

なお中間加工原材料にはパンの原材料である「小麦粉」のように、単一の農畜産物からできている中間加工原材料もあれば、めんつゆの原材料である「しょうゆ」のように複数の原材料からできている（複合原材料の）中間加工原材料もあります。

例えば中間加工原材料「りんご果汁」の生鮮原材料「りんご」の原産地が判明している場合には、「○○製造」の表示に代えて、当該原材料名「りんご」とともにその原産地の国名を表示することができます。

〈製造地表示の表示例〉

### 製造地を表示

| | |
|---|---|
| 名称 | 清涼飲料水 |
| 原材料名 | りんご果汁、果糖ぶどう糖液糖、果糖／酸味料、ビタミンC |
| 原料原産地名 | ドイツ製造（りんご果汁） |

### 製造地を原材料名の次に括弧を付して表示

| | |
|---|---|
| 名称 | 清涼飲料水 |
| 原材料名 | りんご果汁（ドイツ製造）、果糖ぶどう糖液糖、果糖／酸味料、ビタミンC |

### 中間加工原材料の原料の産地を遡って表示

| | |
|---|---|
| 名称 | 清涼飲料水 |
| 原材料名 | りんご果汁、果糖ぶどう糖液糖、果糖／酸味料、ビタミンC |
| 原料原産地名 | ドイツ（りんご）、ハンガリー（りんご） |

### 製造地の又は表示

| | |
|---|---|
| 名称 | 清涼飲料水 |
| 原材料名 | りんご果汁、果糖ぶどう糖液糖、果糖／酸味料、ビタミンC |
| 原料原産地名 | ドイツ製造又は国内製造（りんご果汁） |

※りんご果汁の製造地は、20XX年度の使用実績順

### 製造地の大括り表示

| | |
|---|---|
| 名称 | 清涼飲料水 |
| 原材料名 | りんご果汁、果糖ぶどう糖液糖、果糖／酸味料、ビタミンC |
| 原料原産地名 | 外国製造（りんご果汁） |

## 【業務用加工食品の扱い】

消費者に販売される一般用加工食品で重量割合が第１位となる原材料に用いられる業務用加工食品及び業務用生鮮食品では、その産地に関する情報を、容器包装や、送り状、納品書又は規格書等で製造業者等に伝達する必要があります。

# 3-6

# 内容量の表示について

- 名称
- 原材料名
- 添加物
- 原料原産地名
- 内容量
- 消費期限／賞味期限
- 保存方法
- 原産国名（輸入品のみ）
- 製造者等の名称及び住所

## 1 表示のルール

内容量の表示は、計量法や食品表示基準で対象となる商品と表示方法が定められています。表示を行うときは、商品に応じて定められた「グラム（g）」や「ミリリットル（ml）」「個数」等の単位を明記して表示します。

【計量法による表示】

計量法は、計量の基準を定めて適正な計量の実施を確保するための法律です。

消費者の商品選択にあたり内容量の確認が必要と考えられるもので、内容量を質量や体積で表示して販売する際、政令で定めた誤差（量目公差）の範囲で、正確な計量に努めることとされた商品を「特定商品」と呼びます。特定商品の大部分は食品ですが、合成洗剤や灯油などの商品も含まれています。

食品の特定商品の例：精米、食肉、食用植物油脂、マーガリン類、しょうゆ

また、特定商品として質量や体積で内容量を表示する場合の単位は、重量で

あれば「グラム（g）、キログラム（kg）」、体積であれば「ミリリットル（ml）、リットル（L）」と定められています。海外で使用されることのあるオンス（oz）やポンド（lb）などの単位は使用できません。

また、一般用加工食品のように容器包装された食品は、多くの場合、計量法における密封*がされた状態です。

この「特定商品」の中には、密封して販売する場合、質量や体積で内容量を表示すること、並びに内容量表示をした者としての製造者等を表示することが定められた商品があります。例えば、特定商品である菓子類のうち「1個の重量が3g未満のビスケット類、米菓、キャンデー」を密封して販売する場合は、量目公差を超えないように計量して、重量で内容量を表示すること及び表示した者としての製造者等を表示することが必要です。

一方、同じ菓子類であっても「ナッツを入れたり、クリームをはさんだクッキー」や、「1個の重量が3g以上の煎餅や棒付きキャンデー」のような1個ずつの重量の管理が難しい商品については、計量法の特定商品としてではなく、食品表示基準に従って個数の単位で表示することができます。ただしこれらについても、内容量を「重量」で表示して販売する場合には計量法の対象となり、量目公差を超えないように計量し、表示した者としての製造者等を表示することが必要になります。

＊計量法における密封とは、容器包装やこれらに付した封紙を破棄しなければ、商品の内容量を増減できないようにすることです。

例：缶詰、瓶詰（王冠若しくはキャップが噛み込んでいるもの等）、いわゆるラップ包装（トレイに入れた食品をフィルムで覆い、フィルム自体又はフィルムとトレイが融着しているものや、包装者が特別に作成したテープで封印がされているもの）

### 【食品表示基準による表示】

計量法により質量や体積で表示することが定められている商品以外のものは、食品表示基準の規定により、商品に応じて定められた単位で表示します。グラム（g）、キログラム（kg）、ミリリットル（ml）、リットル（L）のほかに“○個”“○枚”といった「個数」の単位で表示する場合もあります。

また、これらの商品で、容器包装を開かずに内容量を外見上容易に識別できるものについては、表示を省略できる場合があります。

省略できる商品の例：弁当、惣菜、魚の開き

# 3-7

# 期限表示について

- 名称
- 原材料名
- 添加物
- 原料原産地名
- 内容量
- 消費期限／賞味期限
- 保存方法
- 原産国名（輸入品のみ）
- 製造者等の名称及び住所

## 1 期限表示の基本

加工食品は、原則として消費期限又は賞味期限のどちらかを表示します。どちらも「いつまで食べられるか」を判断するための目安となる表示です。

食品表示基準では、期限表示は保存方法の表示とともに食品摂取の際の安全性に関する表示事項であることから、表示できる面積が小さい（おおむね30㎠以下）商品であっても、表示を省略することは認められていません。

期限表示を正しく理解する上で重要なことは、期限表示は「開封前の状態で、表示された保存方法に従って保存した場合」が前提となっていることです。そのため、消費者は定められた方法（温度、場所等）どおりに保存することが大切であり、食品関連事業者は正しい保存が行われるよう消費者にわかりやすく「期限表示」や「保存方法」を表示することが重要です。

また、開封後の商品の日持ちについては、消費者が自ら判断することになります。したがって、一度開封した食品は、表示されている期限にかかわらず、早めに食べきることが大切です。

## 2 消費期限とは

「消費期限」とは、品質が急速に劣化する食品に表示される期限です。定められた方法により保存した場合、腐敗や変敗等の品質の劣化により安全性を欠くこととなるおそれのない期限を「年月日」で表示します。

## 3 賞味期限とは

「賞味期限」とは、比較的品質が劣化しにくい食品に表示される期限です。定められた方法により保存した場合、期待される品質が十分に保持されている期限を「年月日」等で表示します。

賞味期限は、製造者等が理化学試験、微生物試験、官能試験等を行い、安全係数（1未満の係数）を勘案し、安全に食べられる期限よりも短めに設定しているため、賞味期限が過ぎてもすぐに食べられなくなるわけではありません。食品の廃棄等により社会的なコスト、環境への影響等が発生することも考慮しながら、期限表示を有効に活用しましょう。

図表1 消費期限と賞味期限の違い

| | 消費期限 | 賞味期限 |
|---|---|---|
| どんな意味なの？ | 安全面から期限を過ぎたら食べない方がよい期限 | 品質が保持されおいしく食べることができる期限。この期限を過ぎても、すぐ食べられなくなってしまう、ということではない |
| 食品の例 | 食肉、生かき、弁当、サンドイッチ、調理めん、生菓子 | 卵、スナック菓子、カップ麺、缶詰、牛乳、レトルト食品、冷凍食品 |

## 4 表示のルール

期限表示は、消費期限又は賞味期限のいずれかの事項名とともに、その期限を次のように表示します。

### （1）消費期限、又は賞味期限までの期間が製造日から３か月以内の食品の場合

「年月日」で表示します。数字の間のピリオドを省略する場合、月や日が1桁の数字であるときには、その前に0を入れて読み違えが起きないようにします。

例：令和６年４月１日、 6．4．1、 20240401、 24．4．1

### （2）製造日から賞味期限までの期間が３か月を超える食品の場合

通常、賞味期限は「年月日」まで表示するのが原則ですが、製造日から賞味期限までの期間が３か月を超えるものについては「年月」で表示することが認められています。

例：令和６年３月、 2024.3、2403

なお、賞味期限を月単位で表示した場合、その月の月末までが賞味期限となります。このため、例えば、本来の賞味期限が令和６年４月15日である場合、月単位で表す場合は令和６年３月と表示することとなり、実際の期間より短くなります。

【不適切な日付の表示方法】

輸入品で、すでに「14.11.2024」「04-24」「Before End APR.20」のような外国語表記が印刷されている場合であっても、このような表示方法は日本の習慣になじみが薄く期限表示としては認められていないため、輸入者が責任を持って消費期限又は賞味期限の事項名とともに「年→月→日」の順で表示することとされています。

## 5 期限表示の省略が認められている食品

以下の食品は、品質の変化が極めて少ないため、期限表示の省略が認められています。

●でん粉　●チューインガム　●冷菓　●砂糖　●アイスクリーム類　●食塩　●うま味調味料　●酒類　●飲料水及び清涼飲料水（ガラス瓶入りのもの（紙栓を付けたものを除く。）又はポリエチレン製容器入りのものに限る。）●氷

# 3-8 保存方法の表示について

- 名称
- 原材料名
- 添加物
- 原料原産地名
- 内容量
- 消費期限／賞味期限
- 保存方法
- 原産国名（輸入品のみ）
- 製造者等の名称及び住所

## 1 表示のルール

消費期限や賞味期限は、定められた方法により保存することを前提に設定されていることから、期限表示の設定条件に合った保存方法を、具体的に表示します。

また、ソーセージなどの加熱食肉製品や食肉、牛乳、チーズなどの乳及び乳製品のように食品衛生法で保存方法の基準が定められている食品もあります。

食品表示基準では、保存方法は、消費期限・賞味期限の表示とともに食品の安全な摂取に関する表示事項であることから、表示できる面積が小さい（おおむね30㎠以下）商品であっても、表示を省略することは認められていません。

保存方法は「保存温度10℃以下」「4℃以下で保存」のように、流通段階や、家庭において可能な保存の方法を、具体的かつ平易な用語で表示します。

例：「10℃以下で保存」「高温多湿、直射日光を避けて保存してください。」「常温で保存してください。」

## 2　常温保存ができる食品の表示

常温で保存すること以外、特に注意する必要がないものは、保存方法の欄を省略することができます。

ただし、常温で保存することのできる牛乳や乳製品については省略できず、別記様式枠内の保存方法の欄に「常温を超えない温度で保存」などと表示するとともに、「種類別」の欄にも「種類別○○　常温保存可能品」と表示します。また、無菌充填豆腐については、消費者にとってわかりやすい場所に「常温保存可能品」と表示しなければなりません。

なお、直射日光を避ける必要がある等の、常温で保存すること以外に注意しなければならない保存条件がある場合には、「直射日光を避け常温で保存」等の表示を行う必要があります。

※「種類別」については、第3章　3－2、第4章　4－7参照。

## 3　開封後の保存方法

開封後に保存方法を変更することが望ましい食品については、開封後の取扱方法を別記様式の枠外に「開封後は4℃以下で保存してください。」のように表示するか、枠内に「使用上の注意」のように事項名を記載し、保存方法とは異なるものであることを明らかにした上で表示することが望ましいとされています。

## 4　保存方法の表示の省略が認められている食品

品質の変化が極めて少ないものについては、保存方法の表示を省略することができます。省略が可能な食品の範囲は、うま味調味料を除き、期限表示の場合と同様です。

●でん粉　●チューインガム　●冷菓　●砂糖　●アイスクリーム類　●食塩　●酒類　●飲料水及び清涼飲料水（ガラス瓶入りのもの（紙栓を付けたものを除く。）又はポリエチレン製容器入りのものに限る。）　●氷

## 3-9 原産国名の表示について

・名称
・原材料名
・添加物
・原料原産地名
・内容量
・消費期限／賞味期限
・保存方法
・原産国名（輸入品のみ）
・製造者等の名称及び住所

### 1 表示のルール

「原産国」とは、加工食品が製造された国のことで、複数の原材料を混合する、味付けをするなど、その商品の内容に“実質的な変更をもたらす行為が行われた国”をいいます。食品表示基準では、輸入した後、国内で実質的な変更をもたらす行為を行わずに販売されるすべての加工食品に「原産国名」を表示します。

すなわち、加工食品において原産国表示が必要な「輸入品」とは、次のものをいいます。

①容器包装され、そのままの形態で消費者に販売される商品（製品輸入）
②バルクの状態（包装されないバラの状態）で輸入されたものを、国内で小分けし容器包装した製品
③製品輸入されたものを、国内で詰め合わせた製品
④輸入された製品で、商品の内容について実質的な変更をもたらす行為（濃縮果汁の希釈等）をしていない製品

例えば、素焼きしたおかきを輸入し、国内で味付けした場合は、味付けが商品の内容について実質的な変更をもたらす行為に該当するため、輸入品にはあたらないということになります。一方で例えば輸入したぶどうオイルに国内で栄養強化又は保存の目的でビタミンＥを添加するといった行為は、実質的な変更をもたらす行為とは判断できないため、輸入品として原産国の表示が必要となります。

なお、似たような言葉として、「原産地」がありますが、「原産地」は農畜水産物が生産や収穫された場所を示すものです。海外で生産された生鮮食品には、「原産地」として原産国名を表示することになります。

**〈原産国名の表示例〉**

| | |
|---|---|
| 種類別 | ナチュラルチーズ |
| 原材料名 | 生乳、食塩 |
| 内容量 | １２０g |
| 賞味期限 | 令和○○年○月○日 |
| 保存方法 | 要冷蔵（10℃以下） |
| 原産国名 | フランス |
| 輸入者 | ○○商事（株）<br>○○県○○市○○町○－○－○ |

## 各級のご紹介

**こんな方にオススメ**

### 初級

- 食品業界に携わり「食品表示」の基礎を知りたい方
- 食品業界、食品小売業に就職を希望される方
- 食品表示に興味があり、商品選択に役立てたい消費者の方

### 中級

- 食品業界の商品開発のご担当者、食品販売責任者
- 食品工場、食品仕入れ部門などのご担当者
- 品質管理、品質保証のご担当者

### 上級

- 品質保証などの責任者、実務者
- 食品表示が正確かどうか検証する部門の責任者、実務者
- 食品表示の相談を受ける方（公的機関、コンサルタント）

## 受験者の受験目的

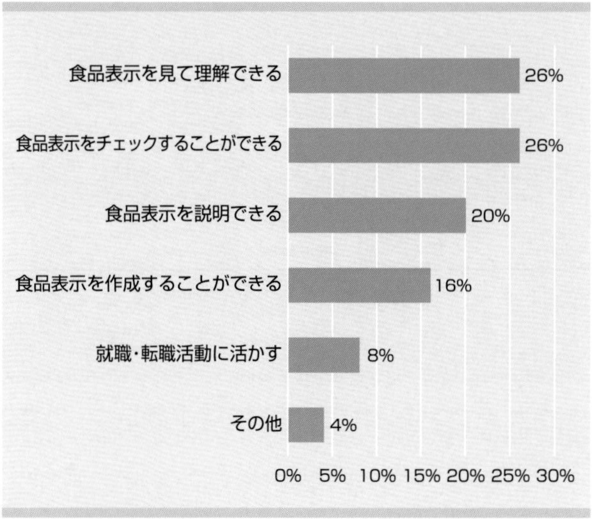


## 2025年〈前期〉　食品表示検定試験実施概要

| 受験級 | 第31回　初級 | 第31回　中級 |
| --- | --- | --- |
| 試験日 | 5月30日(金)～6月21日(土) | 6月12日(木)～7月6日(日) |
| 試験時間 | 90分 | |
| 試験方式 | CBT方式 | |
| 試験地区 | 全国300カ所以上のテストセンター | |
| ★ 〈個人〉 | インターネットからマイページ登録後、申込&お支払 | |

| | | |
|---|---|---|
| 方法　※各級単位で10名以上 | ②受験者がインターネットからマイページ登録&申込 | |
| 団体事前申請期間 | 3月19日(水)～4月7日(月) | |
| 受験申込期間 | 4月8日(火)～5月20日(火) | |
| 受験料(税込) | 5,280円 | 8,800円 |
| | 団体割引あり(各級単位で20名以上の場合5%) | |
| 受験資格 | 学歴、年齢、性別、国籍の制限なし | |
| 出題範囲 | 「改訂8版 食品表示検定認定 テキスト・初級」<br>※2024年1月発行。<br>2025年度の試験は改訂8版に準拠して出題されます。 | 「改訂9版 食品表示検定認定 テキスト・中級」<br>※2025年1月発行予定。<br>2025年度の試験は改訂9版に準拠して出題されますので、ご注意ください。 |
| 出題形式 | テストセンターのPCを使用した選択式 | |
| 合否結果発表 | 7月2日(水) | 7月16日(水) |
| 合格基準 | 70点以上が合格(100点満点) | |

## 食品表示検定対策セミナー

セミナー受講で合格率20%以上アップ！

インターネットに接続しているPC、タブレット、スマートフォン等により繰り返し視聴いただける「オンデマンド講座」をご用意しています。

詳細はこちらから

## 企画セミナー随時開催！

食品表示検定協会では、皆様のご要望に応じた企画セミナーを随時開催いたします。各方面の専門家の方を講師に迎え、食品表示に関する最新動向を解説いただきます。どなたでも受講可能ですので、是非ご活用ください。

主催｜一般社団法人食品表示検定協会

後援｜一般社団法人日本農林規格協会(JAS協会)
日本チェーンストア協会

＼詳細はHPをご参照ください／

食品表示検定

https://www.shokuhyoji.jp

により開催日や時間が異なります)。

▶上級は年１回、2025年度は11月２日(日)に実施予定です。実施概要は、決まり次第HPでご案内します。

## 食品表示検定CBTの概要

| | | |
|---|---|---|
| 1 | 全国300カ所以上のテストセンターから、受験会場を選べます | 全国47都道府県にあるテストセンターの中から、自宅や職場の近くなど、ご自身で受験会場を選択できます |
| 2 | 日時を選んで受験できます | 試験期間中に日時を選んで受験予約できます（テストセンターにより、受験可能な曜日、時間が異なりますのでご注意ください） |
| 3 | パソコン操作は簡単です | 試験はパソコンを使用しますが、選択肢の中からマウスで選択して回答するため、パソコンに不慣れな方でも安心です |

最新情報および詳細は下記QRコードからご確認ください。

# 「食品表示検定認定テキスト・問題集のご案内」

全国主要書店、オンライン書店各社のサイト、ダイヤモンド社のホームページからご購入いただけます。

初級合格のための副教材に!

**改訂版 食品表示検定 初級・問題集**

「食品表示検定・初級」の公式問題集を食品表示基準等の法令改正に合わせて改訂しました。実際の試験に準じた出題形式の練習問題、全問解説付きで試験対策に役立つとともに、食品表示への理解をより深めることができます。

発売：ダイヤモンド社
定価：1,650円（税込）
2023年3月発行

## 新刊のお知らせ

2025年1月発行予定

**改訂9版 食品表示検定 認定テキスト・中級**

NO image

2025〜2026年度の中級試験対応

2025年4月発行予定

**改訂版 食品表示検定 中級・問題集**

NO image

# 3-10 食品関連事業者の表示について

- 名称
- 原材料名
- 添加物
- 原料原産地名
- 内容量
- 消費期限／賞味期限
- 保存方法
- 原産国名（輸入品のみ）
- 製造者等の名称及び住所

## 1 表示のルール

食品に表示を行うときは、表示内容に責任を持つ者の氏名又は名称及び住所と、公衆衛生上の危害の発生や拡大防止の観点から実際の製造所（加工所）の所在地及び製造者（加工者）の氏名又は名称の表示が義務付けられています。

【事項名】

食品関連事業者のうち、表示内容に責任を持つ者（以下「表示責任者」という。）の事項名は、「製造者」「加工者」「輸入者」「販売者」のうち、事業者の行っている行為に応じて該当するもので表示します。

表示責任者が、その製品の製造業者の場合には「製造者」、加工者の場合は「加工者」、輸入業者の場合は「輸入者」と表示することが基本です。

表示責任者である「製造者」や「加工者」と実際に製造等を行った者が、名称、住所ともに同一の場合は、製造所の住所を別途表示する必要はありません。ただし、表示責任者である「製造者」や「加工者」が複数の工場を持っているなど、表示責任者の住所と製造等を行った工場の所在地が異なる場合は、「製造者」「加工者」欄に近接した箇所に「製造所」「加工所」等の事項名を使用して、工場の所在地を表示します。

### 【販売者で表示をする場合】

製造業者等と合意の上で、小売事業者などの販売業者が表示責任者となることも認められています。この場合、事項名は「販売者」と表示します。

販売者が表示責任者である場合の表示方法は、原則として、別記様式部分に「販売者の氏名又は名称及び住所」を表示し、実際にその食品の製造や加工をした者の名称及び所在地を「製造所」「加工所」等の事項名を使用して、近接した箇所に表示します。

なお、飲用乳及び乳製品にあっては、「販売者」と次に述べる製造所固有記号で表すことは認められていません。

### 【製造所固有記号による表示】

製造所固有記号は、表示責任者である「製造者」や「販売者」の名称及び住所と、実際の製造所の名称及び所在地を並記できない場合に、製造所の情報を記号で示す仕組みです。

実際に製造等を行う工場が１つの場合は「製造所」や「加工所」の具体的な所在地等の表示が必要ですが、同一の製品を２つ以上の工場で製造する場合、「製造所」を記号化して表示することで包材を共有化できるメリットがあるため、この製造所固有記号の使用が認められています。

この制度については2016年（平成28年）に改正され、製造所固有記号の使用にあたっては消費者庁のデータベースシステムに製造所固有記号を届け出ることとなりました。届出の有効期間は５年間で、引き続き使用する場合は更新の手続きが必要となります。

製造所固有記号を表示する際は、製造所固有記号の前に「＋」の記号を冠することになっています。

さらに、以前の制度では食品事故の発生時に一般消費者が製造所の情報を把握することが困難であったことから、消費者が製造所所在地の情報を得るための次のいずれかの事項を併記することが必要となりました。

①製造所所在地等の情報提供を求められたときに回答する者の連絡先
②製造所所在地等を表示したウェブサイトのアドレス等
③当該製品の製造を行っているすべての製造所所在地等と、その製造所固有記号

## 2 製造者等の表示例

〈製造者による表示例〉

・加工者による表示も同様に行う。

（1）製造者と製造所の住所が同一の場合

| | |
|---|---|
| 製造者 | ○○フーズ株式会社<br>○○県○○市○○町○－○－○ |

（2）製造者が別の場所にある工場で製造した場合

| | |
|---|---|
| 製造者 | ○○フーズ株式会社<br>○○県○○市○○町○－○－○ |

製造所　△△県△△市△△町１－１

〈輸入者による表示例〉

| | |
|---|---|
| 原産国名 | Ａ国 |
| 輸入者 | ○○商事株式会社<br>○○県○○市○○町○－○－○ |

〈販売者による表示例〉

（1）同一製品を１つの工場で製造した場合

| | |
|---|---|
| 販売者 | ○○食品㈱<br>東京都○○区○○町○－○－○ |

製造所：㈲○○製菓
○○県○○市○○町２－２

### （2）同一製品を２つ以上の工場で製造した場合

①製造所固有記号（下記の例では +AB）を表示し、製造所所在地等の情報提供を求められたときに回答する者の連絡先を表示する場合

| | |
|---|---|
| 販売者 | ○○食品㈱　＋ AB<br>東京都○○区○○町○ - ○ - ○ |

※製造所はお客様相談室にお問い合わせください。
TEL：XXXX-XXX-XXXX

②製造所固有記号（下記の例では +AB）を表示し、製造所所在地等を表示したウェブサイトのアドレス等を表示する場合

| | |
|---|---|
| 販売者 | ○○食品㈱　＋ AB<br>東京都○○区○○町○ - ○ - ○ |

※製造所はホームページをご確認ください。
www. ○○○ . jp

③製造所固有記号（下記の例では＋CD）を表示し、当該製品の製造を行っているすべての製造所所在地等と製造所固有記号を表示する場合

| | |
|---|---|
| 販売者 | ○○食品㈱　＋ CD<br>東京都○○区○○町○ - ○ - ○ |

製造所固有記号：
ＡＢ：㈲○○製菓 ○○県○○市○○町２- ２
ＣＤ：○○フーズ㈱ △△工場 △△県△△市△△町１- １

# 3-11 栄養成分表示について

栄養成分表示とは、食品にどのような栄養がどのくらい含まれているかを一目でわかるようにしたもので、消費者が自主的かつ合理的に食品を選択するために必要とされる情報の1つです。食品表示基準により、熱量、たんぱく質、脂質、炭水化物及びナトリウムの量から換算した食塩相当量の表示が、一般消費者向けに販売される加工食品と添加物に義務付けられています。



## 1 栄養成分表示の対象

### （1）栄養成分表示の対象となる食品

食品表示基準において、一般用加工食品及び一般用添加物については、栄養成分表示が原則として義務化されています。また、業務用加工食品、生鮮食品及び業務用添加物については任意とされていますが、表示を行う場合は食品表示基準に従って表示します。

図表1　栄養成分表示の表示義務がある食品

| | 加工食品 | 生鮮食品 | 添加物 |
|---|---|---|---|
| 一般消費者に販売される場合 | 義務 | 任意 | 義務 |
| 業務用として販売される場合 | 任意 | 任意 | 任意 |

表示が義務付けられた一般用の加工食品であっても、図表2にあるように、小さな容器包装の食品や、酒類、栄養の供給源としてあまり意味のないもの、日替わり弁当のように原材料が短期間で変わるもの、小規模な事業者が販売するもの等については、栄養成分表示を省略することができます。

**図表2　一般用加工食品であって栄養成分表示を省略できる食品**

①容器包装の表示可能面積がおおむね30cm$^2$以下であるもの
②酒類
③栄養の供給源としての寄与が小さいと考えられる食品（ミネラルウォーターなど）
④ごく短期間で原材料やその配合量が変更される食品（サイクルメニューではない日替わり弁当など）
⑤消費税法第９条第１項で消費税を納める義務が免除されている事業者又は中小企業基本法第２条第５項に規定する小規模企業者（おおむね従業員が20人以下。商業、サービス業は５人以下）が販売するもの

なお、図表２の⑤については、製造者の規模には関係なく、販売者の規模で判断します。小規模企業者が製造した食品でも、⑤に該当しない規模の小売店で販売する場合には、栄養成分表示を省略することはできません。

### （2）栄養表示をしようとする場合

栄養成分表示が義務である食品だけでなく、任意である食品や、省略できる食品でも、図表３にあるように容器包装に栄養に関する表示（以下「栄養表示」という。）をしようとする場合は、食品表示基準の適用となるため、表示した栄養成分を含めた表示をする必要があります。

**図表3　「栄養表示をしようとする場合」の「栄養表示」に該当するもの**

・「ビタミンC」「鉄」等の栄養成分の表示
・栄養成分の総称（「ミネラル」「ビタミン」等）の表示
・栄養成分の種類名（脂質における「DHA」、炭水化物における「食物繊維」等）、別名（「プロテイン」「オリゴ糖」等）やこれらを示唆する表現（「果実繊維」「カルシウムイオン」等）の表示
・「カルシウム入り」「脂肪○%カット」のような、何らかの栄養成分や熱量に関する強調表示

・添加されたものでなく、天然に含まれている栄養成分の表示
・原材料に対し栄養表示を行う場合（例：青汁飲料におけるケールに含まれる栄養成分について表示した場合、最終製品である青汁飲料について栄養成分表示が必要となる。）

このほかに、「うす塩」「塩分控えめ」「砂糖不使用」「ノンシュガー」のような表示も栄養表示に該当するため、食品表示基準が適用され栄養成分表示が必要となります。

一方、図表４のような栄養成分名そのものの表示や、「うす塩味」「甘さ控えめ」のような味覚に関する表示は、栄養表示には該当しません。



**図表４　「栄養表示」に該当しないもの**

・別記様式枠内に表示された、原材料又は添加物としての栄養成分名の表示
　例：緑茶飲料の原材料名欄に「緑茶（国産）／酸化防止剤（ビタミンC）」と表示され、原材料名欄以外に「ビタミンC」が表示されていない場合
・「ミネラルウォーター」のように広く浸透した一般的な名称であって、消費者に対し栄養成分が添加又は強化されている印象を与えないもの
・「うす塩味」「甘さ控えめ」のような味覚に関する表示

### （３）栄養成分表示の対象となる栄養成分及び熱量

栄養成分表示の対象となる栄養成分及び熱量は図表５のとおりです。表示が義務付けられている表示事項は、「たんぱく質」「脂質」「炭水化物」「ナトリウム（食塩相当量に換算したもの）」の量及び「熱量」です。「ナトリウム」については、ナトリウムの量を表示するのではなく、ナトリウムの量（mg）に2.54を乗じて「食塩相当量」としてグラム（g）に換算して表示します。

また、生活習慣病に関与し、国民のうち目標量の範囲を超えている人が半数程度いる「飽和脂肪酸」と、国民のうち半数以上が目標量を摂取できていない「食

物繊維」については、表示する必要性が高いとして推奨表示事項とされました。

その他、任意で表示できる栄養成分として、n- 3系脂肪酸やコレステロール、糖質、糖類、ミネラル類、ビタミン類等があります。

なお、容器包装に栄養表示をしようとする場合は、次項で説明する表示のルールに従って、その栄養成分の量を表示する必要があります。

例：容器包装に「ビタミンC」と表示する場合は栄養成分表示にも必ずビタミンCの量を表示する。

**図表5　栄養成分表示の対象となる栄養成分及び熱量（食品表示基準　別表第9）**

| | |
|---|---|
| 義務 | たんぱく質、脂質、炭水化物、ナトリウム（食塩相当量として表示）、熱量 |
| 推奨 | 飽和脂肪酸、食物繊維 |
| 任意 | n-3系脂肪酸、n-6系脂肪酸、コレステロール、糖質、糖類、亜鉛、カリウム、カルシウム、クロム、セレン、鉄、銅、マグネシウム、マンガン、モリブデン、ヨウ素、リン、ナイアシン、パントテン酸、ビオチン、ビタミンA、ビタミン$B_1$、ビタミン$B_2$、ビタミン$B_6$、ビタミン$B_{12}$、ビタミンC、ビタミンD、ビタミンE、ビタミンK、葉酸 |

## 2　表示のルール

### 【表示様式】

義務表示事項のみを表示する場合は、食品表示基準　別記様式2に従い、推奨表示事項、任意表示事項をあわせて表示する場合は別記様式3に従い、次ページの表示例のように表示します。表示する文字の大きさは他の表示と同じく8ポイント以上です。

また、この栄養成分表示は、容器包装の見やすい場所に、邦文を用いて読みやすく表示する必要があります。ただし、宅配などで同じ食品が継続的に同じ人に販売されるものであって、容器包装に表示することが困難な場合は、当該食品の購入者に定期的に提供される文書に記載することもできます。

**〈栄養成分表示の例（食品表示基準の別記様式３による表示例）〉**

①

| | 栄養成分表示（1食分100g当たり） | |
|---|---|---|
| 1 | 熱量 | 446kcal |
| 2 | たんぱく質 | 8g |
| 3 | 脂質 | 12g |
| | －飽和脂肪酸 | 4g |
| 4 | 炭水化物 | 78g |
| | －糖質 | 75g |
| | －食物繊維 | 3g |
| 5 | 食塩相当量 | 2.0g |
| | カルシウム | 80mg |

| | | |
|---|---|---|
| | ポリフェノール | 0.5g |

② 100g、100ml、1食分、1包装その他の1単位（「食品単位」という。）当たりの量で表示します。1食分で表示する場合は、1食分の量を併記します。

③ 1から5までの表示事項は表示順序を変更することはできません。

③ 飽和脂肪酸は脂質の内訳として、糖質と食物繊維はセットにして炭水化物の内訳として表示します。

③ 栄養成分表示の対象となるその他の成分は、食塩相当量の次に表示します。（図表5にあるカルシウムなどは枠の中に表示します。）

④ 一定の値又は下限値及び上限値で、定められた単位を用いて表示します。
「0（ゼロ）」と表示できる基準が定められている栄養成分及び熱量については、その基準を満たしていれば、微量に含んでいても「0（ゼロ）」と表示することができます。ただし、表示値が「0」であっても、その表示事項を省略することはできません。

⑤ 栄養成分表示の対象外の成分は別記様式枠外に表示します。（カフェイン、ポリフェノール等）

## 【表示方法】

### ①タイトル

「栄養成分表示」と表示します。

### ②食品の単位

表示された栄養成分の含有量が、その食品のどの量に対するものかを「食品単位」として、タイトルの「栄養成分表示」に近接した箇所に表示します。

食品単位は、「100g」もしくは「100ml」又は「１食分」「１包装」のように表示しますが、「１食分」と表示する場合には「１食分（○○g）」のように、具体的な量（グラム、ミリリットル、個数等）を併記します。

### ③表示事項とその順序

表示事項は「熱量」「たんぱく質」「脂質」「炭水化物」「食塩相当量」の順で表示します。表示値が「0（ゼロ）」であっても、表示事項は省略できません。

また、推奨表示事項の飽和脂肪酸は脂質の内訳表示として、食物繊維は、糖質とセットにして炭水化物の内訳として表示することとなっています。
内訳表示であることは、「脂質」又は「炭水化物」より、1字下げて表します。
134ページ図表5にある任意表示事項の「カルシウム」や「ビタミンC」などのミネラル類、ビタミン類を表示しようとする場合は、食塩相当量の次に表示します。
なお、熱量及び栄養成分名は、以下のとおり表示することができます。
熱量…………「エネルギー」
たんぱく質…「蛋白質」「たん白質」「タンパク質」「たんぱく」「タンパク」
ミネラル……元素記号（例:カルシウムにあっては「Ca」、鉄にあっては「Fe」、ナトリウムにあっては「Na」）
ビタミン（ナイアシン、パントテン酸、ビオチン及び葉酸を除く。）
……ビタミン名の略語（例：ビタミンAにあっては「V.A」「VA」）

### ④表示値と単位

表示する値は、「○g」等の一定の値（以下「一定値」という。）又は「○～○g」等の下限値及び上限値（以下「幅表示」という。）で表示します。
一定値で表示する場合は、その食品の期限内において、食品表示基準で定められた測定方法及び算出方法で得られた値（以下「分析値」という。）が、熱量及び栄養成分ごとに定められた許容差の範囲内にある必要があります。幅表示の場合は、その食品の期限内において、分析値がその幅の中に含まれる必要があります。幅表示の幅は、過度に広い幅で表示してはならないとされています。
なお、一定値で表示する場合であって、栄養成分に関する品質管理が十分になされていない等の理由で、表示値が分析値と一致しない可能性がある場合は、合理的な推定により得られた値を表示することができます（栄養機能食品の表示、栄養強調表示をする場合を除く）。
その場合は、近接した箇所に「推定値」又は「この表示値は、目安です。」と表示し、表示された値の設定の根拠資料を保管します。
また、表示するときの単位については、熱量は「kcal」、たんぱく質・脂質・炭水化物・食塩相当量は「g」と定められています。
食塩相当量は以下の計算式により求めます。

食塩相当量（g）＝ナトリウム量（mg）× 2.54 ÷ 1000＊

＊ 1000mg ＝ 1g

例：ナトリウム量が 100g 当たり 788mg の食品について、食品単位 100g 当たりで表示する場合

食塩相当量＝ 788（mg /100g）× 2.54 ÷ 1000 ＝ 2.0（g/100g）

### ⑤栄養成分表示の対象とならない成分の表示

「カフェイン」や「ポリフェノール」のように栄養成分表示の対象となっていない成分（134 ページ図表５にない成分）を表示する際には、枠外に表示するなど、栄養成分表示の対象となっている成分と区別して表示します。

栄養成分表示の周りを囲んでいる外枠線は省略することができますが、そのときも線で区切るなどの方法で、対象となっている成分とそうでないものを区分します。

# 3 - 12 特色のある原材料の表示について

## 原材料の特色を強調した表示

原材料の特色（産地、品種等）を強調した表示を、特色のある原材料表示といいます。特色のあることを示す用語を、原材料名と組み合わせて記載したり、パッケージに表示して、一般的名称で表示される原材料とは異なることを強調するものです。

例：「国産大豆絹豆腐」、いちごジャム「とちおとめ使用」、抹茶「宇治茶入り」

例のような表示をした場合、消費者は、強調した原料の使用割合が100%であると認識すると考えられます。実際の使用割合が10%であったとすると、消費者を誤認させることになります。したがって、同種の原材料に占める割合が100%でなければ、例のような「○○使用」や「○○入り」とのみ表示することはできません。100%でない場合には、同種の原材料における使用割合又は製品全体における使用割合を併記しなければなりません。

例：とちおとめ50%使用（いちごに占める割合）
製品中に○○県産りんごを５%（○ｇ）使用

**〈特色のある原材料に該当するものの例〉**

・特定の原産地のもの
・非遺伝子組換えのもの
・品種名、銘柄名、ブランド名、商品名
・有機農産物、有機畜産物及び有機加工食品
・特別な栽培方法により生産された農産物

なお、一般名称を用いて製品の特徴を伝える表示や、製造方法を特徴として強調した表示は、特色のある原材料とはみなされません。

例：「黒糖使用」「炭焼き焙煎麦使用」など

# 3 - 13 禁止されている表現について



## 1 表示禁止事項の基本的な考え方

表示は、消費者が商品を選択する際に、どのようなものかを知る上で大切な情報源であるため、食品表示基準には、一般用の加工食品について第９条に、生鮮食品については第 23 条に表示禁止事項に関する規定があります。ここでは、実際のものより著しく優良又は有利であると誤認させる用語、表示すべき事項の内容と矛盾する用語、その他内容物を誤認させるような文字、絵、写真その他の表示が禁止されています。

また、景品表示法においては、消費者の適正な商品選択の妨げになるような不当な表示を、健康増進法では健康の保持増進の効果について著しく事実に相違する表示や著しく人を誤認させるような誇大な表示を禁止しています。

※各法律の概略は、第１章　１－２参照。

## 2 禁止されている表示

### （1）食品表示基準で禁止している表示（第９条　表示禁止事項より抜粋）

食品表示基準では以下のような表示を禁止しています。

・実際のものより著しく優良又は有利であると誤認させる表示を行うこと。

・食品表示基準に定められた表示すべき事項の内容と矛盾する表示を行うこと。

・内容物を誤認させるような文字、絵、写真その他の表示を行うこと。

さらに、具体的には、下記のような表示をすることが禁じられています。

・機能性表示食品に、疾病の治療効果又は予防効果を標榜する用語や消費者庁長官の評価、許可等を受けたものと誤認させるような用語等を表示すること。

・栄養機能食品に、規格基準が定められた栄養成分以外の成分の機能を示す用語、特定の保健の目的が期待できる旨を示す用語を表示すること。

・保健機能食品（特定保健用食品、機能性表示食品及び栄養機能食品をいう。以下同じ。）以外の食品に、保健機能食品と紛らわしい名称、栄養成分の機能及び特定の保健の目的が期待できる旨を示す用語を表示すること。

・乳児用規格適用食品以外の食品に、乳児用規格適用食品である旨やこれと紛らわしい表示を行うこと。

・日本農林規格で等級のある品目について、等級の格付が行われた食品以外のものに、等級を表示すること。

・遺伝子組換え技術を使用した食品に、非遺伝子組換え農産物である旨を示す表示を行うこと。

・遺伝子組換え農産物として認められている作目以外の農産物（米、小麦など）について、遺伝子組換えでない旨を表示すること。

・原料原産地名や加工又は製造した場所について、産地名の意味を誤認させるような用語を表示すること。

・ナトリウム塩を添加している食品に、栄養成分表示として食塩相当量ではなく、ナトリウムの量を表示すること。

・牛乳以外の飲料に、屋根型紙パック容器の上端の一部を１か所切り欠いた表示をすること。

上記のほか、食品表示基準では、しょうゆに「自然」と表示してはならないといった、個別の食品毎に表示禁止事項が規定されています。

### （２）景品表示法で禁止している表示

不当に顧客を誘引し、一般消費者による自主的かつ合理的な選択を阻害するおそれがあると認められる表示は禁止されています。

**【優良誤認表示】**

商品・サービスの品質や規格、その他商品そのものの内容についての不当表示は、優良誤認表示として禁止されています。

例：国産有名ブランド牛の肉であるかのように表示して販売していたが、実はブランド牛ではない国産牛肉だった。

**【有利誤認表示】**

商品・サービスの価格その他の取引条件についての不当表示は、有利誤認表示として禁止されています。

例：「キャンペーン期間中につき増量」と表示して販売していたが、通常の内容量と同じだった。

### （3）健康増進法で禁止している表示

食品について、実際と異なる成分の含有に関する表示や科学的根拠のない健康の保持・増進効果、医薬品を思わせるような効能などの表示は禁止されています。

例：

・「○○が△△mg含まれている」旨を表示しているが、実際には成分が含まれていなかった。

・「美しい理想の体形に」と身体を美化し、容貌を変える効果を表示しているが、実証するデータがなかった。

・「血糖値や糖質が気になる人に」「動脈硬化を防ぐ」「歯が強くなります」など医薬品と同等の効能効果を表示していた。

また、食品表示基準においても、保健機能食品以外の食品に特定の保健の目的が期待できる旨を示す用語を表示することは禁止されています。

### （4）他の法律で規制されるもの（食品と医薬品の区分）

医薬品は、その有効性、安全性を確保するため、薬機法（医薬品、医療機器等の品質、有効性及び安全性の確保等に関する法律）に基づき製造から販売、市販後の安全対策までさまざまな規制があります。疾病の治療や予防効果の表示・広告は、医薬品としての承認・許可を取得して初めて可能になります。

したがって、錠剤やカプセルといった医薬品のような形状の食品に、医薬品と誤認させる効能効果などの表示・広告を行ったり、医薬品に該当する成分を配合したりした場合は、未承認の医薬品として取り締まりの対象になります。

Column 1

## 「食品添加物の不使用表示」で起こる誤認

コンビニエンスストアで売られているお菓子など、商品パッケージに「〇〇不使用」と表示されている食品があります。これには「食塩不使用」のような栄養成分に関するもののほかに、「保存料不使用」「着色料不使用」といった添加物に関する不使用を表示したものがありますが、どちらもルールを守って表示することが求められています。

添加物の不使用表示は、添加物に対する消費者の意識に働きかける表示であり、ほかの商品と比較して著しく良い商品であると消費者に誤った認識をさせるような不使用表示については、景品表示法の「優良誤認」として規制されることとなりました。

例えば、「添加物不使用だから安全」といった表示をした商品が、優良誤認表示として規制の対象となります。これは、日本で使用が認められている添加物は安全性が確認されたものであり、規定を守って使用された食品は基本的に安全に食べることができることが前提にあります。個人の体質などで摂取が好ましくない添加物に注意した上で1つの食品を過剰に摂取することなどを避ければ、添加物が使用された食品の摂取は健康を害するものではありません。また、商品を流通させる際に品質を保つ上で必要な添加物も多いため、添加物を使っている他の食品は安全ではなく、使用していないと表示した自社の食品だけが安全で安心であると消費者に誤認させる表示は「優良誤認」のおそれがある表示となります。

このような不適切な表示について、2022年（令和4年）「食品添加物の不使用表示に関するガイドライン」が消費者庁から公表され、不適切な表示例（類型）を掲げ、誤認のない範囲で表示することが求められています。

# 第4章

# いろいろな食品表示の例

第４章では、一般用加工食品の表示について、具体例をあげながら、商品ごとに定められた個別的表示事項を中心に解説していきます。横断的表示事項については第３章を参照してください。

# 4-1 加工食品扱いとなる異種混合品（カット野菜及びカットフルーツ・合挽肉）

## 1 カット野菜及びカットフルーツ（複数の野菜や果物のカット混合品）

〈炒め物用野菜ミックスの表示例〉（店外加工）

**〈前提条件〉キャベツ 50%、もやし 14%、ブナシメジ８%、エリンギ８%、玉ねぎ８%、小松菜６%、人参６% を混合したもの**

| | | |
|---|---|---|
| ① | 名称 | 炒め物用野菜ミックス |
| ② | 原材料名 | キャベツ（国産）、もやし、ブナシメジ、エリンギ、玉ねぎ、小松菜、人参 |
| ④ | 内容量 | ３００ｇ（４人前） |
| | 消費期限 | ○○.○○.○○ |
| ⑤ | 保存方法 | 要冷蔵（10℃以下で保存） |
| | 加工者 | 株式会社　○○やさい工房<br>○○県○○市○○町○-○-○ |

③（→ キャベツ（国産））

〈カットフルーツミックスの表示例〉（店外加工）

**・任意で重量の割合が上位２位以下の原料原産地も表示した例（下線部は任意表示）**

**〈前提条件〉メロン 35%、イチゴ 25%、マンゴー 25%、キウイフルーツ 15%**

③（→ メロン（茨城県産））

| | | |
|---|---|---|
| ① | 名称 | カットフルーツミックス |
| ② | 原材料名 | メロン（茨城県産）、イチゴ（長崎県産）、マンゴー（沖縄県産）、キウイフルーツ（ニュージーランド） |
| ④ | 内容量 | １５０ｇ |
| | 消費期限 | ○○.○○.○○ |
| ⑤ | 保存方法 | １０℃以下で保存してください。 |
| | 加工者 | 株式会社　○○青果<br>○○県○○市○○町○-○-○ |

〈カットフルーツミックスの表示例〉（店内加工）

・任意で原材料名及び原料原産地を表示した例（下線部は任意表示）

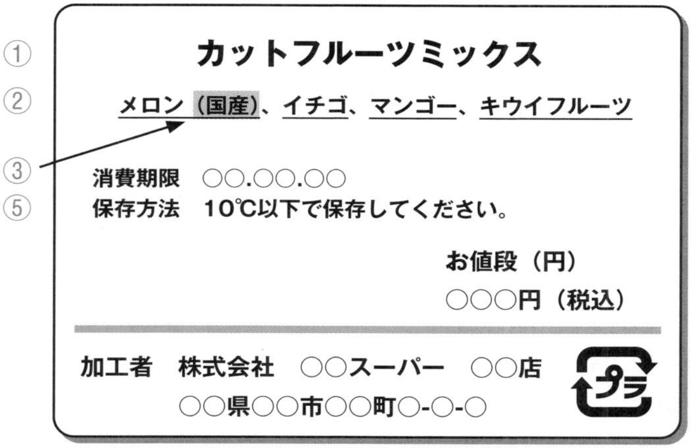


複数の野菜や果物を切断した上で混ぜ合わせたものは、それ自身が調理された１つの製品であることから加工食品として取り扱われ、加工食品の基準に従って必要な表示をします。

**【食品を加工した場所で販売する場合の義務表示事項】**

スーパー等の店内で加工し、その場で販売する容器包装された製品は、消費者が直接加工者に質問することができることから原材料名、原料原産地名、内容量、栄養成分表示等の表示義務はありません。

しかしながら、消費者の関心が高いことを踏まえ、自主的に原材料名や原料原産地等の表示を行うことが望まれます。

### ①名称

「炒め物用野菜ミックス」「カット野菜ミックス（サラダ用）」「カットフルーツミックス」等と、その内容を表す一般的な名称で表示します。

### ②原材料名

使用した原材料を、原材料に占める重量の割合の高いものから順に、その最も一般的な名称で表示します。

### ③原料原産地名

原料原産地表示に関する個別ルールのある22の食品群の1つである国内でカットして異種混合した野菜や果物（食品表示基準　別表第15の1（4）に該当）については、原材料及び添加物に占める重量の割合が50%以上である生鮮食品の原産地を、「国別重量順」に原料原産地名欄を設けて表示するか、又は原材料名欄に表示された原材料名の次に括弧書きで表示します。

また、原材料及び添加物に占める重量の割合が50%以上の生鮮食品がない場合でも、その中で重量の割合が最も高い原材料（以下「対象原材料」という。）については、原料原産地名の表示が必要です。この場合は、「国別重量順表示」を原則としつつ、消費者の誤認を防止するための方法を明確にした上で、例外表示が認められています。

なお、重量の割合が上位2位以下の原材料についても、任意で原料原産地を表示することができます。

**【「国別重量順表示」の基本的表示方法】**

生鮮食品としての農産物の原産地表示とは異なり、原材料が生鮮食品の場合、国産品には国産である旨を、輸入品には原産国名を表示するのが原則で、「キャベツ（国産）」等と表示します。

なお、対象原材料が生鮮食品の場合は、国産品は国産である旨の表示に代えて、次の方法で表示することができます。

・農産物：都道府県名その他一般に知られている地名
・畜産物：主たる飼養地（最も飼養期間が長い場所）が属する都道府県名その他一般に知られている地名
・水産物：生産（採取及び採補を含む。）した水域の名称、水揚げした港名、水揚げした港又は主たる養殖場が属する都道府県名その他一般に知られている地名

また、国産キャベツとA国産キャベツを3：2の割合で混ぜ合わせた場合は、キャベツ(国産、A国産)のように重量の割合の高い順に列記します。これを「国別重量順表示」といい、原料原産地名を表示するときの原則的な方法となります。

※原料原産地名の表示の詳細については、第3章　3－5参照。

### ④内容量

内容重量を、グラム又はキログラムの単位で、単位を明記して表示します。また、1食分、1人前等と表示することもできます。

### ⑤保存方法

食品の特性に従い、「要冷蔵（10℃以下で保存）」等と表示します。

## 2 合挽肉

〈合挽肉の表示例〉

**・牛肉 70%、豚肉 30% を混合した合挽肉で、任意でその割合を表示した例**

| | | |
|---|---|---|
| ① | 名称 | 牛・豚合挽肉（7：3） |
| ② | 原材料名 | 牛肉、豚肉 |
| ③ | 原料原産地名 | 米国産（牛肉） |
| ④ | 内容量 | ４００ｇ |
| | 消費期限 | ○○．○○．○○ |
| ⑤ | 保存方法 | 要冷蔵（１０℃以下で保存） |
| | 加工者 | ○○ミート　株式会社　○○県○○市○○町○-○-○ |

複数の種類の家畜、家きん等の食肉を混ぜ合わせた合挽肉は、それ自体が1つの調理された食品となることから、加工食品の基準に従って必要な表示をします。

また、畜産物において、次のような製品は加工食品となります。

### 〈加工食品として扱われる具体例〉

・複数の畜種の食肉を切断し、調味液につけないで、又は調味液につけて容器包装したもの（焼肉セット等）
・複数の種類の食肉と野菜をそれぞれ切断し、調味せず容器包装したもの（鍋物セット等）
・食肉にスパイスやたれをかけたもの、パン粉等をまぶしたもの
・たたき牛肉（表面をあぶったもの）
・食肉の断片を結着させ成型する処理をしたもの（サイコロステーキ等）

なお、これらの加工食肉については、処理を行った旨及び飲食に供する際にその全体について十分な加熱を要する旨を、「あらかじめ処理してありますので、中心部まで十分に加熱してお召し上がりください。」等と表示します。

### ①名称

「牛・豚合挽肉」「豚・鶏合挽肉」等と、その内容を表す一般的な名称で表示します。食肉の種類は、混合比率の高いものから順に表示します。

### ②原材料名

使用した原材料を、原材料に占める重量の割合の高いものから順に、「牛肉」「豚肉」「鶏肉」等と食肉の種類を表示します。

### ③原料原産地名

原料原産地表示に関する個別ルールのある22の食品群の1つである国内でカットして異種混合した食肉（食品表示基準　別表第15の1（14）に該当）については、原材料及び添加物に占める重量の割合が50%以上である生鮮食品の原産地を、「国別重量順」に原料原産地名欄を設けて表示するか、又は原材料名欄に表示された原材料名の次に括弧書きで表示します。

また、原材料及び添加物に占める重量の割合が50%以上の生鮮食品がない場合でも、対象原材料については原料原産地名の表示が必要となり、この場合は、「国別重量順表示」を原則としつつ、消費者の誤認を防止するための方法を明確にした上で、例外表示が認められています。

※原料原産地名の表示の詳細については、第3章　3－5参照。

### ④内容量

計量法の規定により内容重量を、グラム又はキログラムの単位で、単位を明記して表示します。

### ⑤保存方法

合挽肉については食肉と同様に食品衛生法で定められている保存方法の基準に従って「10℃以下で保存」等と表示します。

## Q & A

**Q：ベビーリーフは加工食品扱いとなる異種混合品に該当しますか？**

A：複数種類の幼葉を混ぜ合わせたベビーリーフについては、幼葉を摘み取った状態のまま袋詰めしているため、個々の幼葉を判別することができるので生鮮食品に該当します。ただし、原形がわからないくらいカットした場合は、複数の野菜を切断した上で混ぜ合わせたものと同様に加工食品に該当します。生鮮食品、加工食品のいずれに該当するかは、商品の状態により判断が必要です。

**Q：牛肉70%、豚肉30%の合挽肉のうち、牛肉がアメリカ産60%、オーストラリア産40%の重量割合の場合、原料原産地の割合についての表示を原材料名欄に表示することはできますか？**

A：食品表示基準では割合までの表示を規定していませんが、自主的に事実に基づいて表示することは可能です。

〈表示例〉

| | |
|---|---|
| 名称 | 牛・豚合挽肉（7：3） |
| 原材料名 | 牛肉(アメリカ産60%、オーストラリア産40%)、豚肉 |

**Q：くり、ぎんなん、アーモンド、カシューナッツ、ピスタチオ等の乾燥ナッツ類は加工食品の乾燥果実に該当しますか？**

A：単に天日干し等で乾燥したナッツ類などで、以下の①～③については、乾燥果実には該当せず、生鮮食品として原産地表示が必要です。

① 収穫後調整、選別、水洗い、乾燥を行ったもの及び単に切断したもの

② ①の皮を剥いだり半割、スライスしたもの

③ 同種を混合したもの（例：品種の異なるアーモンドを混合したもの）

一方、素揚げ、ロースト、加塩等の行為を行った場合は、加工食品に該当し、原料原産地表示が義務付けられています。

# 4-2 乾燥野菜・果物

### 〈切り干し大根の表示例〉

| | | |
|---|---|---|
| ① | 名称 | 切り干し大根 |
| ② | 原材料名 | 青首大根（宮崎県産）③ |
| ④ | 内容量 | ２２ｇ |
| | 賞味期限 | ○○．○○．○○ |
| | 保存方法 | 直射日光・高温多湿を避け、保存してください。 |
| | 販売者 | ○○商事　株式会社<br>東京都○○区○○○ - ○ - ○ |

加工者　○○○○株式会社
○○県○○市○○町○ - ○○

### 〈干し柿の表示例〉

| | | |
|---|---|---|
| ① | 名称 | 干し柿 |
| ② | 原材料名 | 柿／酸化防止剤（二酸化硫黄） |
| ③ | 原料原産地名 | 長野県 |
| ④ | 内容量 | １５０ｇ |
| | 賞味期限 | ○○．○○．○○ |
| | 保存方法 | 直射日光・高温多湿を避け、保存してください。 |
| | 製造者 | 農事組合法人　○○○<br>○○県○○市○○町○ - ○ - ○ |

野菜や果物のような農産物で、加熱処理、湯通し、日干し等を行ったものは、加工食品の基準に従って必要な表示をします。

### ①名称

「切り干し大根」「干し柿」「乾しいたけ」「ドライマンゴー」「乾燥野菜」等と、その内容を表す一般的な名称で表示します。

### ②原材料名

使用した農産物を、原材料に占める重量の割合の高いものから順に、最も一般的な名称で表示します。また、乾しいたけの場合は、原材料名として「しいたけ（原木)」のように栽培方法も併記します。

※しいたけの栽培方法については、第２章　２－２－１参照。

### ③原料原産地名

原料原産地表示に関する個別ルールのある22の食品群の１つである国内で加工された乾燥野菜及び乾燥果実（食品表示基準　別表第15の１（１）に該当）については、原材料及び添加物に占める重量の割合が50%以上である生鮮食品の原産地を、「国別重量順」に原料原産地名欄を設けて表示するか、又は原材料名欄に表示された原材料名の次に括弧書きで表示します。

また、原材料及び添加物に占める重量の割合が50%以上の生鮮食品がない場合でも、対象原材料については、原料原産地名の表示が必要となり、この場合は、「国別重量順表示」を原則としつつ、消費者の誤認を防止するための方法を明確にした上で、例外表示が認められています。

なお、重量割合が上位２位以下の原材料についても、任意で原料原産地を表示することができます。

※原料原産地名の表示の詳細については、第３章　３－５参照。

### ④内容量

計量法の規定により内容重量を、グラム又はキログラムの単位で、単位を明記して表示します。

# 4-3

# 農産物漬物

〈ぬか漬の表示例〉

| | | |
|---|---|---|
| ① | 名称 | たくあん漬（薄切り） |
| ② | 原材料名 | 大根（国産）③、漬け原材料（砂糖･果糖ぶどう糖液糖、食塩、醸造酢、米ぬか） |
| | 添加物 | 調味料（アミノ酸等）、酸味料、甘味料（カンゾウ） |
| ④ | 内容量 | １２０ｇ |
| | 賞味期限 | 枠外下部に記載 |
| | 保存方法 | 冷蔵庫（10℃以下）で保存してください。 |
| | 製造者 | ○○漬物　株式会社<br>○○県○○市○○町○-○-○ |

賞味期限：○○.○○.○○

〈酢漬の表示例〉

| | | |
|---|---|---|
| ① | 名称 | しょうが酢漬（刻み） |
| ② | 原材料名 | しょうが、漬け原材料（醸造酢、食塩、唐辛子） |
| | 添加物 | 調味料（アミノ酸等）、酒精、酸味料 |
| ③ | 原料原産地名 | 中国（しょうが） |
| ④ | 内容量 | １５０ｇ |
| | 賞味期限 | ○○.○○.○○ |
| | 保存方法 | 要冷蔵（10℃以下） |
| | 製造者 | ○○食品　株式会社<br>○○県○○市○○町○-○-○ |

## ①名称

「たくあん漬」「なら漬」「ぬか漬」「しょうゆ漬」「酢漬」等と、食品表示基準の用語の定義に従って表示します。

薄切り、細刻、小切りにしたものは、名称の次に括弧書きで「○○漬（薄切り）」「○○漬（刻み）」と表示します。

１種類の農産物を漬けたものには、農産物の名称を付して「きゅうり○○漬」等と表示することができます。

## 図表1　漬物に使用される名称の例

| 漬物の種類 | 名称の例 |
|---|---|
| 塩ぬか等に漬けたもの | ぬか漬、たくあん漬 |
| しょうゆ等に漬けたもの | しょうゆ漬、ふくじん漬 |
| 酒かす等に漬けたもの | かす漬、なら漬、刻みなら漬、わさび漬、山海漬 |
| 食酢等に漬けたもの | 酢漬、らっきょう酢漬、らっきょう甘酢漬、しょうが酢漬、しょうが甘酢漬 |
| 塩等に漬けたもの | 塩漬、梅漬、梅干、調味梅漬、小梅漬、調味小梅漬、調味梅干、小梅干、調味小梅干 |
| みそ等に漬けたもの | みそ漬 |
| こうじ等に漬けたもの | こうじ漬、べったら漬 |
| からし粉等に漬けたもの | からし漬 |
| もろみ等に漬けたもの | もろみ漬 |
| 赤とうがらし等に漬けたもの | 赤とうがらし漬、はくさいキムチ又はキムチ、農産物キムチ |
| その他の漬物類 | 漬物 |

### ②原材料名

原材料は「漬けた原材料」「漬け原材料」とに区分して、その最も一般的な名称で、原材料に占める重量の割合の高いものから順に表示します。

ただし、漬けた原材料が５種類（内容重量が300g以下のものにあっては、４種類）以上のものにあっては、原材料に占める重量の割合の高いものから順に４種類（内容重量が300g以下のものにあっては、３種類）以上を表示し、その他の原材料を「その他」と表示することができます。

「漬け原材料」とは、漬けられる農産物以外に使用する漬け込み用の調味液や香辛料等をいい、漬け原材料の文字の次に括弧を付して、「漬け原材料（醸造酢、食塩、唐辛子）」等と、原材料に占める重量の割合の高いものから順に表示します。

### ③原料原産地名

国内で製造された「農産物漬物」は、食品表示基準　別表第15の2に該当し、個別に原料原産地の表示が義務付けられています。

農産物漬物については、重量割合が上位1位の原材料だけでなく原材料及び添加物の重量に占める割合の高い農産物又は水産物の上位4位まで（内容重量が300g以下の製品にあっては、上位3位まで）の原材料であって、かつ、原材料及び添加物の重量の5％以上を占める原材料の原産地名を、原料原産地名の事項欄を設けて表示するか、又は原材料名欄に表示されたそれぞれの原材料名の次に括弧書きで表示します。

なお、製品として輸入したものは、その製品の「原産国名」を表示します。

### ④内容量

2020年（令和2年）3月に食品表示基準が改正され、それまで食品表示基準に規定されていた農産物漬物の内容量の表示に調味液を含めるかどうかは、計量法の規定に従うこととなりました。例えば、たくあん漬、ぬか漬、かぶら千枚漬、だいこん千枚漬は、調味液（液汁）を除いて計量しますが、福神漬は内容物が調味液に浸る程度の調味液を、わさびかす漬はかすを含んだままで計量します。

らっきょう漬け以外の薄切り、細刻、小切りにしていない漬物は個数で1本、5コといった表示も可能です。また、個数で表示できる場合で、中身が見える容器に入れられ内容量を外見上容易に識別できるものは、内容量の表示を省略することができます。

# 4-4

# 豆腐・納豆

## 1 豆腐

### 〈パック入り豆腐の表示例〉

賞味期限：○○．○○．○○

| | | |
|---|---|---|
| ① | 名称 | きぬごし豆腐 |
| ② | 原材料名 | 大豆（アメリカ又はカナダ）／凝固剤（塩化マグネシウム（にがり）） ← ③ |
| ④ | 内容量 | ３８０ｇ |
| | 賞味期限 | 枠外右上部に記載 |
| ⑤ | 保存方法 | 冷蔵庫（10℃以下）で保存してください。 |
| | 製造者 | 株式会社　○○食品<br>○○県○○市○○町○-○-○ |

※大豆の産地は、20XX 年の使用実績順です。

### ①名称

「もめん豆腐」「きぬごし豆腐」「充填豆腐」「寄せ豆腐」等と、豆腐の種類を表示します。

### ②原材料名

原材料は、その最も一般的な名称で表示します。

成分調整などの加工処理をしていない大豆を使用する場合は、「大豆」「丸大豆」等と、成分を調製するような加工処理をしている大豆を使用する場合は、「脱脂加工大豆」等と表示します。

また、使用した品種名により、次のような名称で表示することができます。

・中生光黒、いわいくろ、丹波黒　→　「黒大豆」と表示

・青丸くん、キヨミドリ、あきたみどり　→　「青大豆」と表示

・上記品種にそれ以外の大豆を混合して使用した場合
→「大豆（黒大豆○○%）」「大豆（青大豆○○%）」と表示

**【遺伝子組換え食品の表示】**

大豆製品である豆腐及び納豆は、使用した大豆が遺伝子組換え食品である場合は、その表示が義務付けられています。

また、国産大豆などの非遺伝子組換え食品に「遺伝子組換えではない」等の表示を任意で行うことができます。

※遺伝子組換え食品の表示については、第３章　３－３－３参照。

### ③添加物

使用した添加物を、添加物に占める重量の割合の高いものから順に表示します。豆乳を豆腐様《よう》に凝固させる際に使用される添加物とその製剤については、「豆腐用凝固剤」もしくは「凝固剤」と一括名で表示することができます。

**【にがりの表示】**

豆腐用凝固剤のうち、塩化マグネシウム又は粗製海水塩化マグネシウムを使用した場合に限り、物質名に「にがり」の文字を付記することができます。

例：「凝固剤（塩化マグネシウム（にがり））」
　　「粗製海水塩化マグネシウム（にがり）」

### ④内容量

内容重量を、グラム又はキログラムの単位で、単位を明記して表示します。なお、一丁、半丁と表示することも可能で、内容量を外見上容易に識別できる場合は表示を省略することができます。

### ⑤保存方法

商品の特性に従い、「10℃以下で保存してください。」等と表示します。

また、無菌充填豆腐にあっては、主要面など消費者にわかりやすい箇所に「常温保存可能品」の文字を表示するとともに、保存方法として「直射日光や高温多湿を避け、常温で保存してください。」等と表示します。

なお、開封後はできる限り早く消費すること、開封後保存する場合は、10℃以下で保存することなど、適切な取扱い方法を容器包装に表示します。

## 2 納豆

### 〈たれ付き納豆の表示例〉

| | | |
|---|---|---|
| ① | 名称 | 納豆 |
| ② | 原材料名 | 大豆（国産）（遺伝子組換えでない）、納豆菌、添付たれ（糖類（砂糖・ぶどう糖果糖液糖）、醤油（大豆・小麦を含む）、食塩、醸造酢、昆布エキス）、添付からし（からし、醸造酢、水飴、食塩、香辛料） |
| ② | 添加物 | 添付たれ（調味料（アミノ酸等）、アルコール、ビタミン$B_1$）、添付からし（酸味料、着色料（ウコン）） |
| ③ | 内容量 | （納豆 50 g、たれ 7 g、からし 1.2 g）× 3 個 |
| | 賞味期限 | 枠外右下部に記載 |
| ④ | 保存方法 | 冷蔵庫（10℃以下）で保存してください。 |
| | 製造者 | 株式会社　○○食品<br>○○県○○市○○町○ - ○ - ○ |

賞味期限：○○．○○．○○

### ①名称

「納豆」「ひき割り納豆」等と、一般的な名称を表示します。

### ②原材料名／添加物

原材料は、その最も一般的な名称を表示します。

品種名による表示や遺伝子組換え大豆を使用した際の表示等については豆腐と同様です。

### 【複数の加工食品で構成される製品の表示】

納豆、添付たれ及び添付からしで構成される納豆製品のように複数の加工食品により構成される製品については、構成要素ごとにまとめて表示することができます。

原材料に占める重量の割合の高い順に表示した構成要素を表す一般的な名称の次に、それぞれの原材料に占める重量の割合の高いものから順にその最も一般的な名称で表示します。

〈構成要素ごとに表示した例１〉

| | |
|---|---|
| 原材料名 | 【納豆】大豆（国産）（遺伝子組換えでない）、納豆菌<br>【添付たれ】糖類（砂糖・ぶどう糖果糖液糖）、醤油（大豆・小麦を含む）、食塩、醸造酢、昆布エキス<br>【添付からし】からし、醸造酢、水飴、食塩、香辛料 |
| 添加物 | 【添付たれ】調味料（アミノ酸等）、アルコール、ビタミン$B_1$<br>【添付からし】酸味料、着色料（ウコン） |

〈構成要素ごとに表示した例２〉

| | |
|---|---|
| 原材料名 | 【納豆】大豆（国産）（遺伝子組換えでない）、納豆菌<br>【添付たれ】糖類（砂糖・ぶどう糖果糖液糖）、醤油（大豆・小麦を含む）、食塩、醸造酢、昆布エキス／調味料（アミノ酸等）、アルコール、ビタミン$B_1$<br>【添付からし】からし、醸造酢、水飴、食塩、香辛料／酸味料、着色料（ウコン） |

### ③内容量

内容重量を、グラム又はキログラムの単位で、単位を明記して表示します。なお、納豆に添付するたれやからしは、一般的に付随的なものと考えられることから、内容量表示を省略することができます。

### ④保存方法

商品の特性に従い、「10℃以下で保存してください。」等と表示します。

# 4-5

# 食肉製品（ソーセージ）

〈ソーセージの表示例〉

① **加熱食肉製品（加熱後包装）**

| | | |
|---|---|---|
| ② | 名称 | ポークソーセージ（ウインナー） |
| ③ | 原材料名 | 豚肉、結着材料（でん粉、植物性たんぱく（小麦・大豆を含む）、乳たんぱく）、食塩、水あめ、香辛料 |
| | 添加物 | リン酸塩（Ｎａ）、調味料（アミノ酸等）、ｐＨ調整剤、酸化防止剤（ビタミンC）、発色剤（亜硝酸 Na） |
| | 原料原産地名 | 商品名下部に記載 |
| ④ | 内容量 | １５０ｇ |
| | 賞味期限 | ○○．○○．○○ |
| ⑤ | 保存方法 | 要冷蔵（10℃以下） |
| | 製造者 | ○○ハム　株式会社　＋Ｈ１<br>○○県○○市○○町○ - ○ - ○ |

※ 賞味期限は、未開封で保存した場合の期限です。
開封後は、お早めにお召し上がりください。

[製造所固有記号]
Ｈ１：△△工場　北海道△△市△△町△ - △
Ｈ２：□□工場　栃木県□□市□□町□ - □

商品名
ポークウインナー
[原料豚肉の原産地]
国産、アメリカ

## ①食肉製品の区分と必要な表示事項

食肉製品は、食品衛生法による４つの区分があり、それぞれに食肉製品の区分と区分別表示事項を表示します（図表1）。

表示例のソーセージのような加熱食肉製品には、区分別表示事項として、容器包装に入れた後に加熱殺菌したものには、「包装後加熱」と、加熱殺菌した後に容器包装に入れたものには、「加熱後包装」と表示します。

## 図表1　食肉製品の区分と表示事項

| 区分 | 定義（抜粋） | 例 | 区分別の表示事項 |
|---|---|---|---|
| 乾燥食肉製品 | 乾燥させた食肉製品であって、乾燥食肉製品として販売するもの | サラミソーセージ、ビーフジャーキー | ー |
| 非加熱食肉製品（乾燥食肉製品を除く。） | 食肉を塩漬けした後、くん煙し、又は乾燥させ、かつ、その中心部の温度を63℃で30分間加熱する方法又はこれと同等以上の効力を有する方法による加熱殺菌を行っていない食肉製品であって、非加熱食肉製品として販売するもの | 生ハム、ラックスハム | 水素イオン指数及び水分活性の数値 |
| 特定加熱食肉製品（乾燥食肉製品及び非加熱食肉製品を除く。） | その中心部の温度を63℃で30分間加熱する方法又はこれと同等以上の効力を有する方法以外の方法による加熱殺菌を行った食肉製品 | ローストビーフ | 水分活性の数値 |
| 加熱食肉製品 | 乾燥食肉製品、非加熱食肉製品及び特定加熱食肉製品以外の食肉製品 | ベーコン、プレスハム、ソーセージ | 包装後加熱<br>又は<br>加熱後包装 |

### ②名称

ソーセージ類は、図表２のような定義があり、この定義に合った「ボロニアソーセージ」「フランクフルトソーセージ」「ウインナーソーセージ」等、食品表示基準で定められた名称で表示します。ただし、１種類の家畜もしくは家きん又はこれに同種の原料臓器類を使用し、かつ、原料魚肉類を加えていない場合には、それぞれ食肉の種類に続けて「ポークソーセージ（ボロニア）」「ビーフソーセージ（ウインナー）」等と表示することができます。

なお、定義に合わない食品に、これらの名称を使用することはできません。

## 図表2　ソーセージの名称と定義

| 名称 | | 定義（要約*） |
|---|---|---|
| クックドソーセージ | | ソーセージのうち、湯煮又は蒸煮により加熱したもの（セミドライソーセージ及び無塩せきソーセージを除く。） |
| | ボロニアソーセージ | ケーシングに牛腸を使用したもの又は製品の太さが36mm以上のもの |
| | フランクフルトソーセージ | ケーシングに豚腸を使用したもの又は製品の太さが20mm以上36mm未満のもの |
| | ウインナーソーセージ | ケーシングに羊腸を使用したもの又は製品の太さが20mm未満のもの |
| ドライソーセージ | | 加熱しないで乾燥したソーセージ（水分35%以下のもの） |
| セミドライソーセージ | | 加熱又は加熱しないで乾燥したソーセージ（水分55%以下。ドライソーセージを除く。） |
| 無塩せきソーセージ | | 塩せきしていないソーセージ |

＊定義のうち、原材料についての規定は省略しています。



### ③原材料名

使用した原材料を、原材料に占める重量の割合の高いものから順に表示します。

原材料は、その最も一般的な名称で表示しますが、「畜肉」を２種類以上使用している場合は、「畜肉（豚肉、牛肉）」等と表示します。

同様に「結着材料」を２種類以上使用している場合には、「結着材料（でん粉、小麦粉）」等と表示します。「魚肉」を使用している場合は、「魚肉（たら、まぐろ）」等と表示します。

例：畜肉（豚肉（○○産）、牛肉）、結着材料（でん粉、小麦粉）、食塩、砂糖、たん白加水分解物、香辛料

### ④内容量

計量法の規定により内容重量を、グラム又はキログラムの単位で、単位を明記して表示します。

## ⑤保存方法

加熱食肉製品は、食品衛生法で定められている保存方法の基準に従って、「10℃以下で保存」等と表示します。

また、非加熱食肉製品及び特定加熱食肉製品で、水分活性が0.95以上のものは「4℃以下」と、水分活性が0.95未満のものは「10℃以下」と、さらに食肉製品を冷凍したものは「－15℃以下」で保存するよう定められています。

## Q & A

**Q：「名称：無塩せきソーセージ」の無塩せきとは何ですか？**

**A**：「無塩せき」とは、「むえんせき」と読み、「ハム・ソーセージ類の表示に関する公正競争規約」において、「発色剤等（発色効果を有する物質を含む原材料又は添加物）を使用しないで、塩漬《しおづ》けを行うこと。」と定義されています。無塩という文字から食塩を使用していないことのように思えますが、「無塩せき」という言葉は食肉製品の製法である「塩漬《えんせき》」を行わないで食塩等を用いて塩漬《しおづ》けして製造することを指しています。

・塩せき：食肉に食塩、発色剤等及び調味料等を加え、低温で漬け込みを行う製法

・無塩せき：食肉に食塩及び調味料等を加え、発色剤等を使用しないで、低温で漬け込みを行う製法

この「塩せき」には、肉の色を鮮やかな色に固定する効果のほか、ボツリヌス菌等の生育を抑制する効果、結着性や保水性をよくする効果、ハムやソーセージ特有の風味を醸成する効果、さらに脂質の酸化を抑制する効果があります。発色剤等を使用しない「無塩せき」の製法で作られたものは、温度管理等で保存性を確保していますが、塩せきした製品より賞味期限は短い傾向にあります。

**出典：ハム・ソーセージ類公正取引協議会ホームページより**

# 4-6 食肉製品（チルドハンバーグステーキ）

〈チルドハンバーグステーキの表示例〉

① **加熱食肉製品（包装後加熱）**

| | | |
|---|---|---|
| ② | 名称 | チルドハンバーグ |
| ③ | 原材料名 | 食肉等（牛肉（豪州産）、豚肉、牛脂肪）、たまねぎ、つなぎ（パン粉（小麦・乳成分を含む）、粉末状植物性たんぱく（大豆を含む）、でん粉）、粒状植物性たんぱく、トマトケチャップ、りんごピューレー、砂糖、食塩、香辛料／調味料（アミノ酸等）、ソース（醤油、みりん、砂糖、でん粉、にんにく、植物油脂、香辛料／カラメル色素、増粘剤（キサンタンガム）、調味料（アミノ酸）） |
| ④ | 内容量 | １２０ｇ（固形量８０ｇ） |
| | 賞味期限 | ○○．○○．○○ |
| ⑤ | 保存方法 | 10℃以下で保存 |
| | 製造者 | ○○食品工業株式会社<br>○○県○○市○○町○-○-○ |
| | 製造所 | ○○食品工業株式会社　△△工場<br>△△県△△市△△町△-△-△ |

⑥ 調理方法：袋のまま湯煎で８分ほど温めてください。レンジで温める際は必ず耐熱性の皿にあけ、ラップをかけて500Wで３分が目安です。

## ①食肉製品の区分

食肉が50%以上含まれているチルドハンバーグは、食肉製品に区分され、加熱食肉製品と表示します。なお、食肉の含有率が50%未満のものは惣菜として取り扱われ、食肉製品の区分の表示は不要となります。

また、チルドハンバーグを包装後に加熱殺菌している場合、区分の表示とあわせて「加熱食肉製品（包装後加熱）」と表示します。

## ②名称

「チルドハンバーグステーキ」又は「チルドハンバーグ」と、食品表示基準で定められた名称で表示します。なお、定義に合わない食品にこの名称を使用することはできません（「関連情報」参照）。

### ③原材料名／添加物

「ハンバーグ」に「ソース」や「具」を加えたものは、この構成要素ごとに原材料と添加物を表示します。

原材料名欄に原材料と添加物の両方を表示する場合は、スラッシュ等で区分し、それぞれ重量割合の高いものから順に表示します。このとき、ソースや具については、「ソース」や「具」の文字の次に括弧を付して表示します。

具体的には下記のようになります。

**ハンバーグの原材料／添加物**、ソース（**ソースの原材料／添加物**）、
具（**具の原材料／具に使用した添加物**）

原材料は、その最も一般的な名称で表示しますが、ハンバーグの原材料として使用した食肉等（食肉並びに臓器及び可食部分をいう。）が２種類以上である場合は、「食肉等」の文字の次に、括弧を付して、「食肉等（牛肉、豚肉、牛脂肪）」のように表示します。つなぎや野菜についても、２種類以上を使用した場合は、「つなぎ（パン粉、でん粉）」「野菜（玉ねぎ、にんじん）」等と表示します。

添加物欄を設けて表示する場合も、ソースや具に使用した添加物については、それぞれ「ソース」「具」の文字の次に括弧を付して、添加物に占める重量の割合の高いものから順に表示します。

### ④内容量

内容重量を、グラム又はキログラムの単位で、単位を明記して表示します。

ソースや具を加えたものでは、ハンバーグとソースや具を合わせた「内容重量」とソースや具を除いた「固形量」を表示します。

### ⑤保存方法

食品衛生法で保存方法の基準が決められていない「チルドハンバーグステーキ」では、製品の特性に従って「10℃以下で保存すること。」等と表示しま

す。チルド食品は食品別に適切な温度帯が設定されており、一般的には０℃～+10℃の温度帯で流通しています。

### ⑥調理方法

食品の特性に従い、湯煎やレンジでの温め方について表示します。

**関連情報**

**食品表示におけるハンバーグの区分**

加工食品のハンバーグには、「チルドハンバーグステーキ」のほか、調理冷凍食品の「冷凍ハンバーグステーキ」、レトルトパウチ食品の「ハンバーグステーキ」があり、食品表示基準において、それぞれ定義されています。

例えば「チルドハンバーグステーキ」は、原材料及び添加物に占める食肉の重量の割合が 50% を超え、かつ、植物性たんぱくの原材料及び添加物に占める重量の割合が 20% 以下であるもの、又はこれにソースや具を加えたものを包装し、チルド温度帯で冷蔵してあるものをいうと定義されています。それぞれの定義に合わないハンバーグ、例えば冷蔵保存が必要な商品でも食肉の含有率が 50% 未満のものは「惣菜」として取り扱われます。

このように加工食品は、製品の保存温度や容器包装の形態だけでなく、原材料の配合によっても名称が異なる場合があり、必要な表示事項も異なってきますので、注意してください。

# 4-7 牛乳・乳飲料

〈牛乳の表示例〉

| | | |
|---|---|---|
| ① | 種類別名称 | 牛乳 |
| | 商品名 | ○○高原牛乳 |
| ② | 無脂乳固形分 | 8.3%以上 |
| ② | 乳脂肪分 | 3.5%以上 |
| ③ | 原材料名 | 生乳 100% |
| | 原料原産地名 | 国産 |
| ④ | 殺菌 | 130℃　2秒間 |
| ⑤ | 内容量 | 500 m l |
| | 賞味期限 | 容器上部に記載 |
| ⑥ | 保存方法 | 10℃以下で保存してください。 |
| | 開封後の取扱い | 開封後は賞味期限にかかわらず、できるだけ早くお飲みください。 |
| ⑦ | 製造所所在地 | ○○県○○市○○町○-○-○ |
| ⑦ | 製造者 | 株式会社　○○乳業 |

⑧ 切り欠き

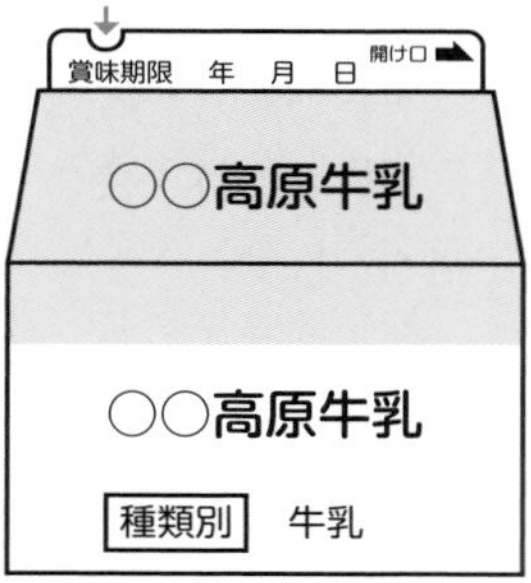


⑨ 公正

〈乳飲料の表示例〉

賞味期限：○○．○○．○○

| | | |
|---|---|---|
| ① | 種類別名称 | 乳飲料 |
| | 商品名 | ミルクコーヒー |
| ② | 無脂乳固形分 | 4.5% |
| ② | 乳脂肪分 | 1.5% |
| | 植物性脂肪分 | 0.5% |
| ③ | 原材料名 | 生乳（○○県産）（50%以上）、砂糖、コーヒー、乳製品、植物油脂 |
| | 添加物 | 乳化剤、香料、カラメル色素 |
| ⑤ | 内容量 | ５００ｍｌ |
| | 賞味期限 | 枠外上部に記載 |
| ⑥ | 保存方法 | 要冷蔵（10℃以下） |
| | 開封後の取扱い | 開封後は賞味期限にかかわらず、お早めにお飲みください。 |
| ⑦ | 製造者 | 株式会社　○○乳業　○○県○○市○○町○-○-○ |

### ①種類別名称

乳や乳飲料は､「乳及び乳製品の成分規格等に関する省令」（以下「乳等省令」という。）の定義に従い「牛乳」「特別牛乳」「乳飲料」等と、定められた種類別名称を表示します。具体的には、乳や乳飲料は乳等省令により図表1のように区分されています。この内容に合った種類別名称を､事項名も「種類別名称」又はそれに代えて「種類別」として表示します。

また、種類別名称の文字の大きさは、消費者が商品を選ぶ際に間違いのないよう､「乳」は10.5ポイントの活字以上､「乳飲料」は14ポイントの活字以上の大きさの太字で表示します。

**図表1　牛乳及び乳製品の種類別名称と成分規格等**

| | 種類別名称 | | 原材料名 | 成分の調整 | 無脂乳固形分 | 乳脂肪分 |
|---|---|---|---|---|---|---|
| 乳 | 「牛乳」と名が付くもの | 牛乳 | 生乳のみ（100%） | 成分無調整 | 8.0%以上 | 3.0%以上 |
| | | 特別牛乳 | | | 8.5%以上 | 3.3%以上 |
| | | 成分調整牛乳 | | 乳成分の一部を除いたもの | 8.0%以上 | − |
| | | 低脂肪牛乳 | | 乳脂肪分の一部を除いたもの | 8.0%以上 | 0.5%以上<br>1.5%以下 |
| | | 無脂肪牛乳 | | 乳脂肪分のほとんどすべてを除いたもの | 8.0%以上 | 0.5%未満 |
| | 加工乳 | | 牛乳、乳製品の一部（全粉乳、脱脂粉乳等） | − | 8.0%以上 | − |
| 乳製品 | 乳飲料 | | 牛乳、乳製品、乳以外の成分（カルシウム、ビタミン、コーヒー、果汁等） | − | 乳固形分 3.0%以上* | |

＊飲用乳の表示に関する公正競争規約における規格

### ②無脂乳固形分・乳脂肪分

牛の乳は図表2にあるように、水分と乳固形分からできています。この乳固形分について、乳脂肪分や、それ以外の成分の割合を調整したものが図表1にある成分調整牛乳等です。製品の特性である成分組成を消費者が知ることができるように、調整をしていないものも含めて、乳脂肪分と無脂乳固形分の重量百分率を表示します。

### 図表2　牛乳の成分

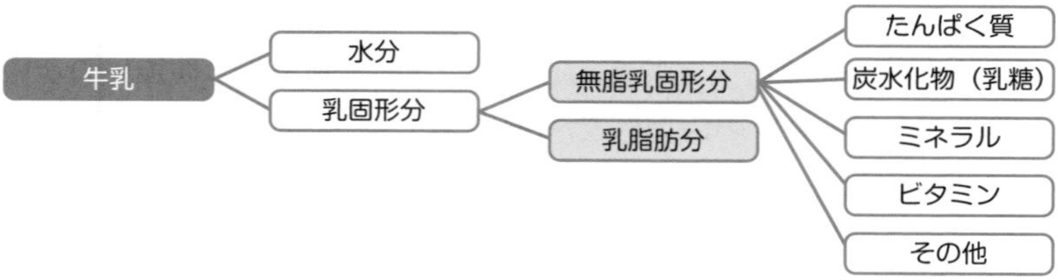


成分を調整していない牛乳では、年間を通じての無脂乳固形分及び乳脂肪分の最低値に「以上」の文字を付して、パーセント（%）の単位で小数第1位まで表示します。なお、無脂肪牛乳は、乳脂肪分を含む場合のみ表示します。

乳飲料では、無脂乳固形分、乳脂肪分、乳脂肪分以外の脂肪分（植物性脂肪分等）を含む場合は、その脂肪分をパーセント（%）の単位で小数第1位まで表示します。

### ③原材料名

牛乳、特別牛乳、成分調整牛乳、低脂肪牛乳及び無脂肪牛乳は、「生乳100%」と表示します。

加工乳にあっては、水を除き、配合割合の高いものから順に表示します。ただし、原材料のうち、生乳については、生乳50%以上使用の場合、「生乳（50%以上）」と表示し、生乳50%未満使用の場合、「生乳（50%未満）」と表示します。

乳飲料は、使用した乳、乳製品及び主要混合物の名称を配合割合の高いものから順に表示します。なお、原材料のうち、生乳については、加工乳の場合と同様に表示します。

### ④殺菌

牛乳については、殺菌の温度と時間を表示します。ただし、乳飲料については表示を省略することができます。

・殺菌温度：摂氏温度で、「○○℃」「○○℃～○○℃」と表示します。
・時間　　：「分」又は「秒」で表示します。

殺菌方法は、120℃～130℃で2秒間処理したものが一般的ですが、63℃で30分間と、低温で時間をかけて殺菌しているものもあります。

### ⑤内容量

計量法の規定により、内容重量（グラム、キログラム）又は体積（ミリリットル、リットル）を、単位を明記して表示します。

### ⑥保存方法・常温保存が可能である旨の表示

牛乳は、食品衛生法に基づく乳等省令の基準に従って、「10℃以下で保存」等と表示します。ただし、常温で保存が可能な商品は、種類別名称欄にも「牛乳（常温保存可能品）」のように表示し、保存方法の欄にも常温を超えない温度で保存する旨を表示します。

なお、常温保存可能品の場合でも、開封後は10℃以下で保存する必要があり、その旨を「開封後の取扱い」の欄に表示して、消費者に注意を促します。

### ⑦製造所所在地・製造者

製造所所在地（乳処理場）の住所と製造者（乳処理業者*1）の氏名又は名称を表示します。

飲用乳*2では、他の食品の表示と異なり、同一製品を2以上の製造所で製造している場合であっても、販売者と製造所固有記号により表示することはできません。ただし、実際に乳の処理を行っている製造所所在地の代わりに製造者の住所（法人の場合は、原則として本社所在地）で表示する場合は、製造者の住所、氏名又は名称の次に、実際の製造所の所在地を示す製造所固有記号を表示することができます。

＊1　乳処理業者：牛乳（脱脂乳その他牛乳に類似する外観を有する乳飲料を含む。）又は山羊乳を処理し、又は製造する者

＊2　飲用乳：牛乳、特別牛乳、成分調整牛乳、低脂肪牛乳、無脂肪牛乳、加工乳及び乳飲料の7種類を総称し「飲用乳」という。（飲用乳の公正競争規約）

### ⑧牛乳パックの切り欠き

牛乳の屋根型紙パックには、視覚に障害のある方が容易に牛乳を識別することができるように「切り欠き」が入っています。切り欠きの場所は、注ぎ口の反対側と決められています。

なお、牛乳以外の製品に「切り欠き」を行うことはできません。

### ⑨飲用乳の公正マーク

全国飲用牛乳公正取引協議会の会員は、「飲用乳の表示に関する公正競争規約」に従って適切な表示を行っている商品に、公正マークを付すことができます。

※公正競争規約の食品表示マークについては、第５章　５－５参照。

# 4 - 8

# 乳製品（チーズ・発酵乳・アイスクリーム類）



## 1 チーズ

〈ナチュラルチーズの表示例〉

| | | |
|---|---|---|
| ① | 種類別 | **ナチュラルチーズ** |
| ② | 原材料名 | 山羊乳、食塩 |
| ③ | 内容量 | １２０ｇ |
| | 賞味期限 | ○○．○○．○○ |
| | 保存方法 | 要冷蔵（１０℃以下） |
| | 原産国名 | フランス |
| ④ | 輸入者 | 株式会社　○○貿易<br>○○県○○市○○町○ - ○ - ○ |

⑤ この製品は、包装後加熱殺菌したものです。

〈プロセスチーズの表示例〉

| | | |
|---|---|---|
| ① | 種類別 | **プロセスチーズ** |
| ② | 原材料名 | ナチュラルチーズ（国内製造）／乳化剤、香料 |
| ③ | 内容量 | １２０ｇ（20g × ６枚） |
| | 賞味期限 | ○○．○○．○○ |
| | 保存方法 | １０℃以下で保存してください。 |
| ④ | 製造者 | ○○乳業株式会社　＋ AB<br>東京都○○区○○町○ - ○ - ○ |

製造所固有記号
AB：（○○工場）　○○県○○市○○町○ - ○ - ○
CD：（△△工場）　△△県△△市△△町○ - ○ - ○

### ①種類別

チーズは乳等省令の定義に従い、図表１のように区分されます。「ナチュラルチーズ」「プロセスチーズ」と種類別を 14 ポイントの活字以上の大きさの太字で表示します。なお、事項名は「種類別」に代えて、「種類別名称」と表示することができます。

## 図表1　チーズの種類別とその定義

| 種類別 | 定義（抜粋） |
| --- | --- |
| ナチュラルチーズ | 1. 乳、バターミルク（バターを製造する際に生じた脂肪粒以外の部分をいう。）、クリーム又はこれらを混合したもののたんぱく質を酵素その他の凝固剤により凝固させた凝乳から乳清の一部を除去したもの又はこれらを熟成したもの<br>2. 乳等を原料として、たんぱく質の凝固作用を含む製造技術を用いて製造したものであって、1. に掲げるものと同様の化学的、物理的及び官能的特性を有するもの |
| プロセスチーズ | ナチュラルチーズを粉砕し、加熱溶融し、乳化したもの |

また、飲食に供する際に加熱する必要のあるナチュラルチーズ（ソフト及びセミハードのものに限る。）は、種類別の次に「飲食に供する際に加熱する旨」を表示します。

例：「種類別：○○（要加熱）」「種類別：○○（加熱が必要）」

### ②原材料名（原料乳の動物の種類）／添加物

牛以外の動物の乳を原料として製造した「ナチュラルチーズ」は、その動物の種類がわかるように「山羊乳」「めん羊乳」等と表示します。

使用した添加物があれば、添加物に占める重量の割合の高いものから順に表示します。

### ③内容量

計量法の規定により、内容重量をグラム又はキログラムの単位で、単位を明記して表示します。

### ④製造者又は輸入者*

国産の場合は、製造者等の氏名又は名称及び製造所所在地を、輸入品の場合は、輸入者の氏名又は名称及び営業所所在地を表示します。

牛乳や乳製品等では、同一製品を２以上の製造所で製造している場合であっても、販売者と製造所固有記号により表示することはできません。

ただし、製造者の住所（法人の場合は、原則として本社所在地）をもって表示する場合は、製造者の住所、氏名又は名称の次に、実際に製造を行った製造所を示す製造所固有記号を表示することができます。

＊「④製造者又は輸入者」については、以下の発酵乳、アイスクリーム類においても共通

### ⑤加熱殺菌した旨

容器包装に入れた後、加熱殺菌したナチュラルチーズ（ソフト及びセミハードのものに限る。）は、「容器包装に入れた後、加熱殺菌した旨」を表示します。

例：「包装後加熱」「包装後加熱殺菌」

## 2 発酵乳（ヨーグルト）

〈ヨーグルトの表示例〉

| | | |
|---|---|---|
| ① | 種類別名称 | 発酵乳 |
| | 無脂乳固形分 | 9.5% |
| | 乳脂肪分 | 3.0% |
| | 原材料名 | 生乳（○○県産）、乳製品 |
| ② | 内容量 | 250 g |
| | 賞味期限 | ○○．○○．○○ |
| | 保存方法 | １０℃以下で保存してください。 |
| | 製造者 | 株式会社　○○乳業<br>○○県○○市○○町○-○-○ |

製造所：△△県△△市△△町△-△-△

### ①種類別名称

発酵乳や乳酸菌飲料は乳等省令の定義に従い、図表２のとおりに種類別名称を８ポイントの活字以上の大きさの文字で表示します。

なお、事項名の「種類別名称」は、「種類別」と表示することができます。

また、発酵後に殺菌した発酵乳及び乳酸菌飲料については、種類別の次に、殺菌である旨を表示します。

例：「種類別：乳製品乳酸菌飲料（殺菌）」

**図表2　発酵乳と乳酸菌飲料の定義**

| 種類別 | 定義（抜粋） |
|---|---|
| 発酵乳 | 乳又はこれと同等以上の無脂乳固形分を含む乳等を乳酸菌又は酵母で発酵させ、糊状又は液状にしたもの又はこれらを凍結したもの |
| 乳酸菌飲料 | 乳等を乳酸菌又は酵母で発酵させたものを加工し、又は主要原料とした飲料（発酵乳を除く。） |

### ②内容量

計量法の規定により、内容重量（グラム、キログラム）又は体積（ミリリットル、リットル）を、単位を明記して表示します。

**【低温発酵である旨】**

製造時の発酵温度が25℃前後のものについては、その旨を「低温発酵」のように表示します。

## 3　アイスクリーム類

**〈アイスクリームの表示例〉**

| | | |
|---|---|---|
| ① | 種類別 | アイスクリーム |
| | 無脂乳固形分 | 10.0% |
| | 乳脂肪分 | 11.0% |
| | 卵脂肪分 | 0.6% |
| | 原材料名 | 牛乳（国内製造）、生クリーム、脱脂粉乳、卵黄（卵を含む）、水あめ、砂糖、バニラビーンズ／乳化剤（大豆由来）、安定剤（増粘多糖類） |
| ② | 内容量 | １２０ｍｌ |
| ③ | 賞味期限 | ○○○○年○月 |
| ③ | 保存方法 | －18℃以下で保存してください。 |
| | 製造者 | 株式会社　○○乳業　○○工場<br>○○県○○市○○町○-○-○ |

### ①種類別

アイスクリーム類は、乳等省令により、乳固形分と乳脂肪分の規格が図表3のとおりに定められています。それに従って「アイスクリーム」「アイスミルク」

「ラクトアイス」と、14ポイントの活字以上の大きさの文字で表示します。種類別は、別記様式欄の外にも商品名と同一視野の見やすい場所に明瞭に表示します。

なお、事項名の「種類別」は、「種類別名称」と表示することができます。

**図表3　アイスクリーム類の種類別と成分規格**

| 種類別 | 成分規格 |
|---|---|
| アイスクリーム | 乳固形分15.0%以上、うち乳脂肪分8.0%以上のもの |
| アイスミルク | 乳固形分10.0%以上、うち乳脂肪分3.0%以上のもの（アイスクリームに該当するものを除く。） |
| ラクトアイス | 乳固形分3.0%以上のもの（アイスクリーム・アイスミルクに該当するものを除く。） |

アイスクリーム類には無脂乳固形分と乳脂肪分の重量百分率を表示しますが、種類別の規格は、無脂乳固形分と乳脂肪分の合計である乳固形分の割合及び乳脂肪分の割合により区分されています。乳固形分が15.0%以上で、そのうち、乳脂肪分が8.0%以上のものについては、種類別を「アイスクリーム」と表示することができます。

### ②内容量

カップ入りのものは、「アイスクリーム類及び氷菓の表示に関する公正競争規約」により体積（ミリリットル又はリットル）を、単位を明記して表示します。カップ入り以外のものは、体積、内容重量（グラム又はキログラム）、個数等を、単位を明記して表示します。

### ③賞味期限・保存方法

賞味期限並びに具体的な保存方法を、「－18℃以下で保存」等と表示します。

ただし、アイスクリーム類は、品質の変化が極めて少ないものとして「賞味期限」と「保存方法」の表示を省略することができます。その場合は、保存上の注意として「ご家庭では－18℃以下で保存してください。」等と枠外に表示します。

※賞味期限や保存方法の省略については、第3章　3－7、3－8参照。

# 4-9

# うなぎ加工品

**〈うなぎ加工品の表示例〉**

| | | ② |
|---|---|---|
| | 名称 | うなぎの蒲焼き |
| ① | 原材料名 | ウナギ（国産）、醤油（大豆・小麦を含む）、砂糖、みりん、清酒 |
| | 添加物 | 調味料（アミノ酸等）、アナトー色素 |
| ③ | 内容量 | 1尾 |
| | 消費期限 | ○○.○○.○○ |
| | 保存方法 | 10℃以下で保存してください。 |
| | 販売者 | ○○県漁業協同組合連合会<br>○○県○○市○○町○-○-○ |
| | 製造者 | 合資会社　○○商店<br>○○県○○市○○町○-○-○ |

## ①原材料名

使用した原材料を、原材料に占める重量の割合の高いものから順に、その最も一般的な名称で表示します。

## ②原料原産地名

国内で製造された「うなぎ加工品」は、食品表示基準　別表第15の4に該当し、個別にうなぎの原料原産地を表示することが義務付けられています。

原料原産地の表示方法は、原材料名欄の「うなぎ」の名称の次に、括弧書きで表示します。原材料のうなぎが国内で漁獲・養殖されたものである場合は、「国産」「国内産」等と、外国産の場合は、原産地の国名を表示します。

※原料原産地名の表示の詳細については、第3章　3－5参照。

また、次の方法により表示する場合もあります。

・採取及び採捕した水域の名称

例：ニホンウナギ（瀬戸内海）

・水揚げした港名

例：ウナギ（清水港）

・水揚げした港もしくは主たる養殖場が属する都道府県、その他一般に知られている地名

例：ニホンウナギ（静岡県）

なお、うなぎの加工品を製品として輸入した場合や、バルクで輸入して国内で小分け包装のみを行った場合は原料原産地名は表示せず、加工した国を「原産国名」として表示します。

### ③内容量

内容重量を、グラム又はキログラムの単位で、単位を明記して表示するか、内容個数（○○尾）により表示します。

**関連情報**

**ウナギの名称**

「ウナギ」という名称については、「ウナギ属全般」を示す一般名称であると同時に、日本で古来食されてきた在来種の「ジャポニカ種」の標準和名でもあったため、外来のジャポニカ種以外とジャポニカ種のウナギを名称から区別できませんでした。

消費者庁の「魚介類の名称のガイドライン」では、ジャポニカ種の標準和名を「ニホンウナギ」に改め、表示についても「ニホンウナギ」の名称を使用することを推奨しています。ただし、「ウナギ」は広く一般に使用されている名称であるため「ジャポニカ種」のウナギの名称として、これまでどおり「ウナギ」と表示することも可能です。

## 4 - 10

# 塩干魚類（アジの干物）

〈アジの開きの表示例〉

①

③

| | |
|---|---|
| 名称 | アジ一夜干 |
| 原材料名 | マアジ（韓国産）、食塩 |
| 内容量 | ２枚 |
| 消費期限 | 枠外下部に記載 |
| 保存方法 | 要冷蔵（１０℃以下） |
| 製造者 | ○○水産　株式会社<br>静岡県沼津市○○町○-○-○ |

消費期限：○○.○○.○○

### ①原料原産地名

原料原産地表示に関する個別ルールのある22の食品群の１つである国内で製造された塩干魚類（食品表示基準　別表第15の１（15）に該当）については、原材料である魚の原産地を、原料原産地名欄を設けて表示するか、又は原材料名欄に表示された対象原材料の次に括弧書きで表示します。

なお、別記様式枠内への表示が困難な場合、原料原産地名欄に記載箇所を指定して別記様式枠外に表示することもできます。

表示すべき原材料が国産品の場合は「国産である旨」を、原材料を輸入した場合は、その魚の原産地の国名を表示します。表示方法には、次の３通りの方法があります（図表１）。

**図表１　原料原産地名の表示例**

| ア．原料原産地名欄を設けて表示 | イ．原材料名欄の対象原材料の次に括弧書きで表示 | ウ．原料原産地名欄に記載箇所を指定して別記様式枠外に表示 |
|---|---|---|
| 名称　アジの一夜干<br>原材料名　マアジ、食塩<br>原料原産地名　A国<br>内容量　……<br>消費期限　……<br>保存方法　……<br>製造者　…… | 名称　アジの一夜干<br>原材料名　マアジ（A国）、食塩<br>内容量　……<br>消費期限　……<br>保存方法　……<br>製造者　…… | 名称　アジの一夜干<br>原材料名　マアジ、食塩<br>原料原産地名　欄外下部に記載<br>内容量　……<br>消費期限　……<br>保存方法　……<br>製造者　…… |

原料原産地：A国

### ②産地名の意味を誤認させるような表示の禁止

外国産のアジを原料として、沼津で加工したアジの一夜干に「沼津産」を強調するような表示があった場合、「沼津」が加工地なのか原料原産地なのか不明確であり、消費者は表示を見て「沼津」がアジの原産地であると誤認する可能性があります。

加工地をあたかも原料原産地であるかのように誤認させるような表示は、食品表示基準では、「産地名を示す表示であって、産地名の意味を誤認させるような表示」に該当し、禁止されています。

例えば、アジの産地が韓国の場合、「加工地：沼津、原料原産地：韓国」と区別して明記することにより、それぞれの産地名の意味が明確にわかるように表示します。

### ③内容量

内容重量を、グラム又はキログラムの単位を付して表示するか、内容個数（○枚、○尾）により表示します。

## 4 - 11

# 乾めん（干しそば・手延べそうめん）

### 〈干しそばの表示例〉

| | | |
|---|---|---|
| ① | 名称 | 干しそば |
| ② | 原材料名 | めん（小麦粉（国内製造）、そば粉、食塩）<br>添付調味料（醤油（大豆・小麦を含む）、砂糖、削りぶし（かつお、さば）、発酵調味料、食塩／調味料（アミノ酸等）、カラメル色素）<br>やくみ（七味とうがらし） |
| ③ | そば粉の配合割合 | ２割 |
| ④ | 内容量 | ３５６ｇ（めんの重量 200 ｇ） |
| | 賞味期限 | ○○．○○．○○ |
| | 保存方法 | 直射日光及び高温多湿を避けて保存してください。 |
| ⑤ | 調理方法 | 枠外下部に記載 |
| | 製造者 | 株式会社　○○製麺<br>○○県○○市○○町○ - ○ - ○ |

調理方法
①大きめの鍋で、たっぷりのお湯を沸騰させ、麺をほぐしながら入れます。軽くかきまぜ、お好みで５～６分間ゆでます。
②ゆで上がったら湯をこぼし、冷水でもみ洗いします。
③ザルに上げ、よく水を切ってから器に盛り付けてください。

### 〈手延べそうめんの表示例〉

| | | |
|---|---|---|
| ① | 名称 | 手延べそうめん |
| ② | 原材料名 | 小麦粉（小麦（国産））、食塩、食用植物油脂 |
| ④ | 内容量 | ３００ｇ |
| | 賞味期限 | ○○年○○月 |
| | 保存方法 | 直射日光及び高温多湿を避けて保存してください。 |
| ⑤ | 調理方法 | たっぷりの沸騰したお湯で２～３分間ゆでてください。 |
| | 製造者 | 株式会社　○○製麺<br>○○県○○市○○町○ - ○ - ○ |

### ①名称

名称は使用されている原材料と、形状、製法によって食品表示基準の用語の定義に従って次のとおりに表示します。

そば粉を使用したものを「干しそば」又は「そば」、そば粉を使用していないものは、「干しめん」と表示します。

ただし、「干しめん」にあっては、太さや形状により、「うどん」「ひやむぎ」「細うどん」「そうめん」「ひらめん」「きしめん」「ひもかわ」と表示することができます。添加物の「かんすい」を使用したものは「干し中華めん」又は「中華めん」と表示することができます。

また、手作業により引き延ばしたものを、それぞれ「手延べ干しそば」「手延べそば」「手延べ干しめん」と表示します。ただし、「手延べ干しめん」にあっては、太さや形状等により「手延べうどん」「手延べそうめん」「手延べ中華めん」等と表示することができます。



### ②原材料名／添加物

めんの原材料は、一般的な名称で、原材料に占める重量の割合の高いものから順に表示します。

ただし、干しそばの表示例のように、「調味料」や「やくみ」を添付したものは、「めん」「添付調味料」「つゆ」「たれ」「やくみ」の文字の次に括弧を付して、「めん（○○、○○）、添付調味料（○○、○○、○○／○○）」のように原材料及び添加物それぞれに占める重量の割合の高いものから順に表示します。

### ③そば粉の配合割合

そば粉の配合割合が30％未満の干しそばの場合は「そば粉の配合割合」を、実配合の割合を上回らない数値で「２割」「20％」等と表示します。

また、そば粉の配合割合が10％未満の場合については「１割未満」「10％未満」等と表示します。ただし、そば粉の配合割合を商品名に接近して表示する場合には、別記様式への表示は省略することができます。

### ④内容量

計量法の規定によりめんの内容重量を、グラム又はキログラムの単位で、単位を明記して表示します。めんに「調味料」や「やくみ」を添付したものは、「めん」と「調味料」「やくみ」を合わせた内容重量とめんの重量を「240g（めんの重量200g）」のようにグラム又はキログラムの単位で、単位を付して表示します。

### ⑤調理方法

乾めんは、調理が必要な食品であるため、別記様式欄に「調理方法」等の事項名で欄を設けて表示します。

調理方法を別記様式欄内に表示することが困難な場合には、調理方法の欄に記載箇所を明示して、他の箇所に表示することができます。

# 4 - 12 即席めん（カップめん）

〈即席カップめんの表示例〉

| | | |
|---|---|---|
| ① | 名称 | 即席カップめん |
| ② | 原材料名 | 油揚げめん（小麦粉（国内製造）、植物油脂、でん粉、食塩、粉末卵）、添付調味料（植物油脂、ポークエキス、食塩、糖類、醤油（大豆・小麦を含む）、豚脂（ゼラチンを含む）、チキンエキス、香辛料、たん白加水分解物、昆布エキス）、かやく（豚肉、ねぎ、メンマ）／調味料（アミノ酸等）、ソルビトール、炭酸カルシウム、カラメル色素、かんすい、増粘剤（キサンタン）、香料、酸化防止剤（ビタミンE）、クチナシ色素、ビタミンＢ$_2$、ビタミンＢ$_1$ |
| ③ | 内容量 | ８７ｇ（めん６３ｇ） |
| | 賞味期限 | 容器底面に記載 |
| | 保存方法 | 直射日光を避け、常温で保存してください。 |
| | 製造者 | ○○食品　株式会社<br>大阪府○○市○○町○-○-○　（本社） |
| | 製造所 | △△県△△市△△町△-△-△　（△△工場） |

④　使用上の注意：やけどに注意してください。

調理方法：①かやく、粉末スープをめんの上にあけます。
②熱湯を内側の線まで注ぎ、ふたをしてください。
③３分後、よくかき混ぜてお召し上がりください。

## ①名称

「即席めん」「即席カップめん」「生タイプ即席めん」等と図表１のような食品表示基準の定義に準じて表示します。

### 図表1　即席めん類の定義

| 用語 | 定義（要約） |
|---|---|
| 即席めん<br>（即席カップめん） | 小麦粉又はそば粉を主原料としためんであって、添付調味料等での簡便な調理操作により食用に供するもの（凍結品やチルド温度帯で保存するものを除く） |
| 生タイプ即席めん | 上記のうち、めんが蒸したりゆでたりした状態になっているもの |

### ②原材料名／添加物

めんの原材料は、「めん」（油処理により乾燥したものでは、「油揚げめん」）の文字の次に、括弧を付して、小麦粉、そば粉、植物性たんぱく、卵粉、食塩、植物油脂、ラード、香辛料等と、その最も一般的な名称で表示します。

それに続けて添付調味料及びかやくについて重量の割合の高い順に鶏肉エキス、しょうゆ、糖類、香辛料、のり、ねぎ、わかめ等と、その最も一般的な名称で表示しますが、めんと同じようにスープやかやくの文字を付してその次に、括弧でくくってまとめて表示することもできます。

使用した添加物は、すべての原材料を表示した後に、めんに使用された添加物も含めて添加物に占める重量の割合の高いものから順に表示します。

### ③内容量

内容重量は、グラム又はキログラムの単位で、単位を明記して表示します。ただし、調味料又はかやくを添付したものは、内容重量及びめんの重量をグラム又はキログラムの単位で、単位を明記して表示します。

### ④使用上の注意

食器として使用できる容器に入った即席めんに表示します。

・容器を加熱するもの　：調理中及び調理直後は、容器に直接手を触れないこと　等

・容器を加熱しないもの：やけどに注意　等

**【やけどに注意マーク】**

「日本即席食品工業協会」では、共通の「やけど」等に対する注意マークを定めており、カップめんの天面等見やすい位置に表示します。

下記のマークについても表示することが推奨されています。

**【電子レンジ調理不可マーク】**

アルミ箔を使用しているカップめんを電子レンジで調理すると、レンジ内で放電するなどのトラブルが発生するため、電子レンジ調理ができないものについて表示します。

**【移り香注意マーク】**

即席めんを「防虫剤」「殺虫剤」「洗剤」「芳香剤」「化粧品」等香りの強いもののそばに置くと、それらの香りが移ることがあるため、注意書き、もしくは注意マークを表示します。

# 4 - 13

# 調理冷凍食品

〈冷凍食品の表示例〉

①　（冷凍食品）

| | | |
|---|---|---|
| ② | 名称 | マカロニグラタン |
| | 原材料名 | マカロニ（国内製造）、牛乳、玉ねぎ、えび、植物油脂（大豆を含む）、ナチュラルチーズ、小麦粉、でん粉、バター、チキンブイヨン、砂糖、食塩、野菜エキス、白ワイン、酵母エキス、香辛料／調味料（アミノ酸等）、増粘剤（キサンタンガム）、香料 |
| ③ | 内容量 | ２４０ｇ |
| | 賞味期限 | ○○．○○．○○ |
| | 保存方法 | －１８℃以下で保存してください。 |
| ① | 凍結前加熱の有無 | 加熱してありません。 |
| ① | 加熱調理の必要性 | 加熱してお召し上がりください。 |
| | 販売者 | 株式会社　○○フーズ食品　○○県○○市○○町○-○-○ |
| | 製造者 | 株式会社　△△冷凍　△△工場　△△県△△市△△町△-△-△ |

〈調理方法〉　オーブン：約15分（220℃）
オーブントースター：約10分（800 W）

## ①冷凍食品の表示

一般的な加工食品の表示事項に加えて、食中毒防止等のため、食品表示基準等により、以下の内容を表示します。

**【冷凍食品】**

冷凍食品であることを表示します。

**【凍結前加熱の有無】**

凍結直前に加熱したものかどうかの別を「凍結前加熱」等と表示します。

**【加熱調理の必要性】**

飲食に供する際に加熱を要するかどうかの別を「加熱してお召し上がりください。」等と商品の特性に応じて表示します。

### ②名称

調理冷凍食品のうち、食品表示基準で定められた一部の調理冷凍食品（冷凍フライ類、冷凍しゅうまい、冷凍ぎょうざ、冷凍春巻、冷凍ハンバーグステーキ、冷凍ミートボール、冷凍フィッシュハンバーグ、冷凍フィッシュボール、冷凍米飯類、冷凍めん類）は、その内容により定められた名称を表示します。それ以外の調理冷凍食品は、一般的な名称で表示します。

### ③内容量

計量法の規定により内容重量を、グラム又はキログラムの単位で、単位を明記して表示します。

### 【調理冷凍食品のその他の表示】

調理冷凍食品のうち、食品表示基準で定められた一部の調理冷凍食品にはその他の定められた必要な表示があります。

例えば、冷凍フライ類、冷凍しゅうまい及び冷凍ぎょうざの場合、フライの衣や、しゅうまい・ぎょうざの皮が、一定の基準を超えるものについては、その比率を表示することになっています。

**関連情報**

**自治体条例による表示**

東京都における自治体条例では、食品表示基準で定められた原料原産地表示に加え、国内で製造され、東京都内で消費者向けに販売される調理冷凍食品について、主な原材料（原材料に占める重量の割合が上位３位までのもので、かつ、その割合が５％以上のもの又は商品名にその名が付されたもの）の原料原産地の表示が義務化されています。

また、商品名に原材料の一部の名称が付されたもの（エビグラタン等）にあっては、当該原材料の仕込み時の標準配合比割合をパーセントの単位で表示することが求められています。

**（同様の条例がある自治体：神奈川県、川崎市、名古屋市、京都市、大阪市、神戸市）**

# 4 - 14

# マーガリン類
# （マーガリン・ファットスプレッド）

## 〈マーガリンの表示例〉（大豆油となたね油を使用したもの）

| | | |
|---|---|---|
| ① | 名称 | マーガリン |
| ③ | 原材料名 | 大豆油（国内製造）、なたね油、食用精製加工油脂、全粉乳、食塩 |
| | 添加物 | 乳化剤（大豆由来）、着色料（β - カロテン、アナトー色素）、酸化防止剤（ビタミンE）、香料 |
| ④ | 内容量 | ２５０ｇ |
| | 賞味期限 | ○○．○○．○○ |
| | 保存方法 | 10℃以下で保存してください。 |
| | 製造者 | 株式会社　○○油脂　＋Ｍ１　○○県○○市○○町○ - ○ - ○<br>お客様ダイヤル　0120- ○○○ - ○○○ |

## 〈ファットスプレッドの表示例〉（大豆油のみを使用したもの）

| | | |
|---|---|---|
| ① | 名称 | 風味ファットスプレッド（加糖） |
| ② | 油脂含有率 | ４１％ |
| ③ | 原材料名 | 食用植物油脂（大豆を含む、国内製造）、食用精製加工油脂、全粉乳、ピーナッツペースト、砂糖、食塩／乳化剤（大豆由来）、香料、着色料（β - カロテン） |
| ④ | 内容量 | １２０ｇ |
| | 賞味期限 | ○○．○○．○○ |
| | 保存方法 | 要冷蔵（10℃以下で保存） |
| | 製造者 | 株式会社　○○食品　○○県○○市○○町○ - ○ - ○ |

⑤　マーガリン類

## 〈名称の用語を表示したファットスプレッドの表示例〉

**・商品名に名称が含まれず、近接して名称を表示している例**

⑥ →

商品名に近接して、14ポイント以上の大きさの統一のとれた文字で、名称を表示

### ①名称

マーガリン類は食品表示基準で図表1のように定義されています。

**図表1　マーガリン類の定義**

| 名称 | 定義（要約） |
| --- | --- |
| マーガリン | 食用油脂に水を加え乳化させたもの（油脂含有率 80%以上のもの）で、可そ性のもの又は流動状のもの |
| ファットスプレッド | 食用油脂に水を加え乳化させたもの及びこれにチョコレート、ナッツペースト、果実等を加えたものであって、風味原料の原材料に占める重量の割合が油脂含有率を下回るもの（油脂含有率 80%未満のもの）で、可そ性のもの又は流動状のもの |

マーガリン類は以下のように食品表示基準で定められた名称で表示します。

マーガリンは「マーガリン」、流動状のものにあっては、「マーガリン（流動状）」と表示します。ファットスプレッドは「ファットスプレッド」、流動状のものにあっては、「ファットスプレッド（流動状）」と表示します。また果汁、チョコレート等の風味原料を加えたものは、「風味ファットスプレッド」と表示します。また、砂糖類又ははちみつを加えたものは、それぞれ「ファットスプレッド（加糖）」「風味ファットスプレッド（加糖）」と表示します。

なお、定義に合わない食品にこの名称を使用することはできません。

### ②油脂含有率

ファットスプレッドについては、油脂含有率を重量百分率（パーセント）で表示します。

### ③原材料名

使用した原材料を、原材料に占める重量の割合の高いものから順に、「大豆油」「なたね油」のように一般的な名称で表示します。また、「大豆油」や「なたね油」等を「食用植物油脂」と表示することができますが、その際大豆油であった場合は、特定原材料等の大豆を含むことをあわせて表示します。

### ④内容量

計量法の規定により内容重量を、グラム又はキログラムの単位で、単位を明記して表示します。

### ⑤「マーガリン類」の文字

ファットスプレッドについては、「マーガリン類の表示に関する公正競争規約」による表示として「マーガリン類」の文字を別記様式の枠外の隣接した場所に表示します。

### ⑥名称の用語

商品名に名称の用語が含まれない場合は、別記様式の名称のほかに、商品名に近接した箇所に14ポイント以上の大きさの文字で「マーガリン」「ファットスプレッド」と表示します。

# 4-15 調味料（しょうゆ・砂糖・食用塩）

## 1 しょうゆ

〈こいくちしょうゆの表示例〉

| | | |
|---|---|---|
| ① | 名称 | こいくちしょうゆ（本醸造） |
| ② | 原材料名 | 脱脂加工大豆（大豆（アメリカ、カナダ））、小麦、食塩 |
| ③ | 内容量 | ３００ｍｌ |
| | 賞味期限 | ○○．○○．○○ |
| | 保存方法 | 直射日光や高温多湿を避けて、常温で保存してください。 |
| | 製造者 | ○○醤油　株式会社<br>○○県○○市○○町○-○-○ |

〈容器表面の任意表示〉

④

天然醸造

### ①名称

しょうゆの名称は、「こいくちしょうゆ」「うすくちしょうゆ」といったしょうゆの種類と、「本醸造」「混合醸造」といったしょうゆの製造方法を組み合わせた食品表示基準に定められた名称で表示します。例示のように、しょうゆの種類の後に括弧を付して製造方法を併記します。

例：「こいくちしょうゆ（本醸造）」「たまりしょうゆ（混合）」
「うすくちしょうゆ（混合醸造）」「しょうゆ（混合）」

**図表1　しょうゆの種類と製造方法**

| | | |
|---|---|---|
| 種　類 | こいくちしょうゆ、うすくちしょうゆ、たまりしょうゆ、さいしこみしょうゆ、しろしょうゆ、（こいくちしょうゆ～しろしょうゆ以外の種類の）しょうゆ | |
| 製造方法（要約） | 本醸造 | もろみを発酵・熟成させた液体調味料 |
| | 混合醸造 | もろみにアミノ酸液等を加えて発酵させた液体調味料 |
| | 混合 | 本醸造、混合醸造でできた液体調味料にアミノ酸液等を加えたもの |

### ②原材料名

使用した原材料を、原材料に占める重量の割合の高いものから順に、その最も一般的な名称で表示します。

大豆にあっては「大豆」又は「脱脂加工大豆」とを区分して表示し、アミノ酸液*にあっては「アミノ酸液」と表示します。

＊アミノ酸液とは、植物性たんぱく質を酸や酵素により処理した液体調味料で、食品として扱われます。

### ③内容量

計量法の規定により内容体積を、ミリリットル又はリットルの単位で、単位を明記して表示します。

### ④天然醸造の表示（任意表示）

本醸造方式で造られたしょうゆのうち、醸造を酵素で促進せず、かつ、添加物のうち、指定添加物を使用していないものについては、「天然醸造」の用語を表示することができます。ただし、これ以外の表現として、「天然」又は「自然」の用語を使用することはできません。

## 2 砂糖

**〈砂糖の表示例〉**

| | | | |
|---|---|---|---|
| ① | 名称 | グラニュー糖 | |
| ② | 原材料名 | 原料糖（てん菜（国産）） | ←③ |
| | 内容量 | 1 kg | |
| ④ | 保存方法 | 常温で保存してください。 | |
| | 製造者 | 株式会社　○○製糖<br>北海道○○市○○町○-○-○ | |

**〈黒砂糖（黒糖）の表示例〉**

| | | | |
|---|---|---|---|
| ① | 名称 | 黒糖 | |
| ② | 原材料名 | さとうきび（沖縄県産） | ← ③ |
| | 内容量 | ２００g | |
| | 賞味期限 | ○○年○月 | |
| ④ | 保存方法 | 直射日光及び高温多湿を避け、常温で保存してください。 | |
| | 製造者 | 株式会社　○○製糖<br>沖縄県○○市○○町○-○-○ | |

## ①名称

「砂糖」「上白糖」「三温糖」「白双糖」「白砂糖」「グラニュー糖」「シュガー」「黒砂糖*1」「加工黒糖*2」等とその内容を表す一般的な名称で表示します。

＊1　黒糖又は黒砂糖とは、さとうきびの搾り汁を濃縮して分離等の加工を行わず製造したもの

＊2　加工黒糖とは、粗糖、糖みつ等に、黒糖又はさとうきびの搾り汁を加え加工したもの

## ②原材料名／添加物

精製された製品については、製造者が原材料を仕入れたときの、原材料の精製段階により、「原料糖」「粗糖」「砂糖」等と表示します。

てん菜やさとうきびから製造されたものの場合は、てん菜糖（ビート糖）は「てん菜」「ビート」又は「さとうだいこん」と、黒砂糖は「さとうきび」と表示します。

また、三温糖等で着色料としてカラメルを添加している場合には、添加物としての表示が必要となります。

例：［原材料名：原料糖／カラメル色素］

## ③原料原産地名

原料糖から精製糖製品を製造した場合は、中間加工原材料である原料糖の製造国を（○○製造）と表示するか、原料糖の生鮮原材料の原産地が判明している場合は（てん菜（国産））のように表示します。

一方、原料原産地表示に関する個別ルールのある22の食品群の１つである国内で製造又は加工した黒糖及び黒糖加工品（食品表示基準　別表第15の1

（8）に該当）については、原材料及び添加物に占める重量の割合が50％以上である原材料のさとうきびの原産地を表示します。

**〈黒糖の表示例〉**

・原材料名の欄に表示する方法　→［原材料名：さとうきび（○○産）］
・原料原産地名の欄に表示する方法　→［原料原産地名：○○産（さとうきび）］

**〈黒糖加工品の表示例〉**

・さとうきびから製造する黒糖加工品→［原材料名：さとうきび（○○産）］
・黒糖を原料として製造する黒糖加工品
→［原材料名：黒糖（さとうきび（○○産））］
ただし、黒糖の製造地がさとうきびの産地と同一の場合に限り、［原材料名：黒糖（○○産）］と表示することができます。

また、原材料に占めるさとうきびの量が50％未満の黒糖加工品についても、対象原材料については原料原産地名の表示が必要となり、この場合は「国別重量順表示」を原則としつつ、消費者の誤認を防止するための方法を明確にした上で、例外表示が認められています。

※原料原産地名の表示の詳細については、第3章　3－5参照。

### ④保存方法

この表示例では記載していますが、「賞味期限」と同様に表示を省略することができます。

※賞味期限や保存方法の省略については、第3章　3－7、3－8参照。

# 3 食用塩

### 〈食用塩の表示例〉

③

| | | |
|---|---|---|
| ① | 名称 | 食塩 |
| ② | 原材料名 | 天日塩（メキシコ） |
| ② | 添加物 | 粗製海水塩化マグネシウム（にがり） |
| | 内容量 | 1 kg |
| | 製造者 | 株式会社　○○塩業<br>○○県○○市○○町○○番地 |

⑤

公正 しお

| | |
|---|---|
| ④ | 製造方法 |
| | 原材料名：天日塩（メキシコ）<br>粗製海水塩化マグネシウム（にがり）<br>工　　程：溶解・平釜 |

## ①名称

「塩」又は「食塩」と表示します。

## ②原材料名 / 添加物

「海水」「海塩」「岩塩」「湖塩」「温泉水」と表示します。

原材料が天日蒸発により製塩されたものは、「天日」の文字を付して表示することができます。（原材料が「海塩」の場合は、「天日塩」と省略することができます。）

使用した添加物を、添加物に占める重量の割合の高いものから順に表示します。なお、粗製海水塩化マグネシウムは、「粗製海水塩化マグネシウム（にがり）」と表示することができます。

## ③原料原産地名

塩化ナトリウムを含む原材料の原料原産地として、海水の採水地や岩塩の採取場所について、国名等で表示します。

## ④製造方法（「食用塩の表示に関する公正競争規約」に基づく表示）

原材料の種類、産地と最終製品の製造工程を表示します。製造工程は、その特性を表す 16 の用語が定められており（図表 1）この用語を用いて表示します。

### 図表1　製造工程の特性を表す用語（一部抜粋）

| 用語 | 工程の内容（要約） |
| --- | --- |
| 天日 | 塩田等で、太陽又は風力といった自然エネルギーを利用し、水分を蒸発させる方法 |
| 平釜 | 濃縮・結晶の工程で、その形状にかかわらず密閉されていない釜で煮つめて塩水を濃縮又は結晶化する方法 |
| イオン膜 | 海水中の塩分をイオン膜を利用して濃縮する方法 |
| 溶解 | 天日塩、岩塩などを水や海水に溶かして濃い塩水を得る方法 |

### ⑤食用塩の公正マーク

食用塩公正取引協議会の会員が、別記様式による表示に加えて、製造方法として、原材料の原産国名や工程の表示をするなど、「食用塩の表示に関する公正競争規約」に適合した表示を行っている商品に、公正マークを付すことができます。

※公正競争規約の食品表示マークについては、第5章　5－5参照。

# 4 - 16

# 調味料
# （マヨネーズ・ドレッシング類）

### 〈マヨネーズの表示例〉

| | | |
|---|---|---|
| ① | 名称 | マヨネーズ |
| ② | 原材料名 | 大豆油（国内製造）、卵黄（卵を含む）、醸造酢（りんご酢、米酢）、糖類（砂糖、水あめ）、食塩、レモン果汁 |
| | 添加物 | 調味料（アミノ酸等）、香辛料抽出物 |
| ③ | 内容量 | ２００g |
| | 賞味期限 | ○○．○○．○○ |
| | 保存方法 | 直射日光を避けて、常温で保存してください。 |
| | 製造者 | 株式会社　○○食品<br>○○県○○市○○町○ - ○ - ○ |

製造所　　△△県△△市△△町△ - △ - △

### 〈乳化液状ドレッシングの表示例〉

商品名：焙煎ごまドレッシング

| | | |
|---|---|---|
| ① | 名称 | 乳化液状ドレッシング |
| ② | 原材料名 | 食用植物油脂（大豆油（国内製造）、なたね油、ごま油）、しょうゆ（大豆・小麦を含む）、砂糖、ごま、りんご酢、卵黄（卵を含む）、食塩、酵母エキス、にんにく、しいたけエキス／調味料（アミノ酸等）、酸味料、増粘剤（加工デンプン、キサンタンガム）、香辛料抽出物、甘味料（ステビア） |
| ③ | 内容量 | １９０ml |
| | 賞味期限 | ○○．○○．○○ |
| | 保存方法 | 直射日光を避けて、常温で保存してください。 |
| | 製造者 | 株式会社　○○食品<br>○○県○○市○○町○ - ○ - ○ |

開封後は冷蔵庫（１℃～10℃）に保存し、なるべく１か月以内にお召し上がりください。

④ 公正

### ①名称

ドレッシングとは、食用植物油脂（香味食用油を除く。）と醸造酢又はかんきつ類の果汁に、食塩、砂糖類、香辛料などを加えて混合したものをいいます。ドレッシングの名称は、食品表示基準の「ドレッシング及びドレッシングタイプ調味料」の定義により定められた名称を用いて、「ドレッシングタイプ調味料」「半固体状ドレッシング」「乳化液状ドレッシング」「分離液状ドレッシング」「マヨネーズ」「サラダクリーミードレッシング」と表示します。

**図表1　ドレッシング類の名称と定義**

| 名称 | | 定義（要約） |
|---|---|---|
| 半固体状 | 半固体状ドレッシング | 粘度の高いドレッシングでマヨネーズ、サラダクリーミードレッシング以外のもの |
| | マヨネーズ | 半固体状ドレッシングで卵を使用し、植物油脂の割合が65%以上のもの |
| | サラダクリーミードレッシング | 半固体状ドレッシングで卵黄やでん粉等を使用し、植物油脂の割合が10%以上50%未満のもの |
| 乳化液状 | 乳化液状ドレッシング | ドレッシングで乳化液状で粘度が低いもの |
| 分離液状 | 分離液状ドレッシング | ドレッシングで分離液状のもの |
| ドレッシングタイプ調味料 | | 醸造酢又はかんきつ類の果汁に、食塩、砂糖類、香辛料などを加えて混合したもの |

### ②原材料名

使用した原材料を、原材料に占める重量の割合の高いものから順に、次のように表示します。

食用植物油脂は「食用植物油脂」と表示しますが、複数の油脂を使用している場合は「食用植物油脂（大豆油、なたね油）」等と表示することができます。使用している食用植物油脂が１種の場合は、「食用植物油脂」を省略して「大豆油」「なたね油」等と表示することができます。

食酢及びかんきつ類の果汁は、「醸造酢」「レモン果汁」等と表示しますが、複数の醸造酢を使用している場合は「醸造酢（米酢、りんご酢）」等と表示することができます。使用している醸造酢が１種の場合は、「醸造酢」を省略して「米酢」「りんご酢」等と表示することができます。

### ③内容量

ドレッシング類はその形状により、半固体状ドレッシングは内容重量（グラム又はキログラム）を、乳化液状ドレッシング及び分離液状ドレッシングは内容体積（ミリリットル又はリットル）を、計量法の規定に従って単位を明記して表示します。

### ④ドレッシング類の公正マーク

ドレッシング類公正取引協議会の会員が、「フレンチドレッシング」「ノンオイルドレッシング」及びそれに類似する用語を使用できる条件などの他、表示全体のルールを定めた「ドレッシング類の表示に関する公正競争規約」に適合した表示を行っている商品に、公正マークを付すことができます。

※公正競争規約の食品表示マークについては、第５章　５－５参照。

# 4-17

# 食用油
# （食用なたね油・香味食用油）

### 〈食用なたね油の表示例〉

| | | |
|---|---|---|
| ① | 名称 | 食用なたね油 |
| ② | 原材料名 | 食用なたね油（国内製造） |
| ③ | 内容量 | ５００ｇ |
| | 賞味期限 | ○○．○○．○○ |
| | 保存方法 | 直射日光を避けて、常温で保存してください。 |
| | 製造者 | 株式会社　○○油脂<br>○○県○○市○○町○-○-○ |

### 〈香味食用油の表示例〉

| | | |
|---|---|---|
| ① | 名称 | ラー油 |
| ② | 原材料名 | 食用ごま油（ごま（パラグアイ、ボリビア、その他））、唐辛子、香辛料／パプリカ色素 |
| ③ | 内容量 | ３５ｇ |
| | 賞味期限 | ○○．○○．○○ |
| | 保存方法 | 直射日光を避けて、常温で保存してください。 |
| | 製造者 | 株式会社　○○食品<br>○○県○○市○○町○-○-○ |

開封後は、お早めにお召し上がりください。

## ①名称

食用植物油脂は食品表示基準に定められた名称を用いて、「食用大豆油」「食用なたね油」「食用オリーブ油」等と、また、調合したものは「食用調合油」と、香味を加えたものは「香味食用油」「ラー油」等と表示します。

## ②原材料名

使用した原材料を、原材料に占める重量の割合の高いものから順に表示します。

原料食用油脂は、「食用大豆油」「食用なたね油」「食用オリーブ油」等と表示し、それ以外の原材料は、「しょうが」「しょうゆ」等と、その最も一般的な名称で表示します。ただし、しょうがその他の香辛料にあっては、「香辛料」と表示することができます。

### ③内容量

食用植物油脂は温度が高くなると体積が増える性質があるため、計量法の規定により内容重量を、グラム又はキログラムの単位で、単位を明記して表示します。

# 4 - 18 レトルトパウチ食品

〈カレーの表示例〉

| | | |
|---|---|---|
| ① | 名称 | カレー |
| ② | 原材料名 | 野菜・果実（じゃがいも、人参、玉ねぎ、りんご、にんにく）、豚肉（国産）、小麦粉、植物油脂、カレー粉、食塩、砂糖、バター、ビーフブイヨン、チキンブイヨン、香辛料、脱脂粉乳、ぶどう糖／カラメル色素、調味料（アミノ酸等）、酸味料、（一部に小麦・乳成分・豚肉・牛肉・鶏肉・大豆・りんごを含む） |
| ③ | 殺菌方法 | 気密性容器に密封し、加圧加熱殺菌 |
| ④ | 内容量 | ２１０ｇ |
| | 賞味期限 | ○○年○月 |
| | 保存方法 | 直射日光を避けて、常温で保存してください。 |
| | 製造者 | ○○食品工業　株式会社<br>○○県○○市○○町○-○-○ |

③　本品は、レトルトパウチ食品です。

④

⑤

〈調理方法〉
- 中袋の封を切らずに、そのまま熱湯の中に入れ、３～５分沸騰させてからお召し上がりください。
- 電子レンジをご使用の時は、他の容器に移し、ラップをかけて温めてください。

## ①名称

レトルトパウチ食品の名称についてはその一部に食品表示基準の定めがあり、次の例のように表示します。なお、これ以外のレトルトパウチ食品については、その内容を表す一般的な名称で表示します。

**〈名称が定められているレトルトパウチ食品とその表示例〉**

●カレー　●ハヤシ　●ぜんざい　●ハンバーグステーキ　●ミートボール
●パスタソース　●まあぼ料理のもと　●混ぜごはんのもと類
●どんぶりもののもと　●シチュー　●スープ　●和風汁物　●米飯類
●食肉味付　●食肉油漬け　●魚肉味付　●魚肉油漬け

### ②原材料名及び原料原産地名

使用した原材料を、原材料に占める重量の割合の高いものから順に、その最も一般的な名称で表示します。野菜や果物が２種類以上である場合は「野菜・果実」の文字の次に、括弧書きで、原材料に占める重量の割合の高いものから順に表示します。

このように原材料をまとめた場合でも、原材料に占める重量の割合が最も高い原材料が対象原材料となり、原料原産地を表示します。

例えば、重量順位が「豚肉＞じゃがいも＞人参＞玉ねぎ＞……」の場合、原材料名欄の表示は「野菜・果実（じゃがいも、人参、玉ねぎ、……）、豚肉（国産）、……」となります。

### ③殺菌方法・レトルトパウチ食品である旨

**【殺菌方法】**

食品を気密性のある容器包装に入れ、密封した後、加圧加熱殺菌したものであることを表示します。

**【レトルトパウチ食品】**

プラスチックフィルムもしくは金属箔又はこれらを多層に合わせたものを袋状その他の形状に成形した容器（気密性及び遮光性を有するものに限る。）に調製した食品を詰め、熱溶融により密封し、加圧加熱殺菌したものをレトルトパウチ食品といいます。

該当する食品には、レトルトパウチ食品であることを表示します。

### ④内容量

計量法の規定により内容重量を、グラム又はキログラムの単位で、単位を明記して表示します。

「ハンバーグ」「ミートボール」にソースを加えたものは、内容重量及びソースを除いた固形量を、単位を明記して表示します。

また、別記様式の内容量の記載とは別に、容器包装の見やすい場所に「○人前」と表示します。ただし、例示した「カレー」のように、温めるだけで調理しないものは、表示の必要はありません。

### ⑤調理方法

容器包装の見やすい箇所に食品の特性に合わせて表示します。

例示した「カレー」のように、温めるだけで調理しないものは、表示の必要はありません。

# 4 - 19

# 缶詰（農産物缶詰）



### 〈桃缶詰の表示例〉

| | | |
|---|---|---|
| ① | 名称 | 白桃・シラップづけ（ヘビー） |
| ② | 形状 | ２つ割り |
| ② | 果肉の大きさ | 混合 |
| | 原材料名 | 白桃（山形県産）、糖類（砂糖、ぶどう糖） |
| ③ | 固形量 | ２７５g |
| ③ | 内容総量 | ４５０g |
| | 賞味期限 | 缶底中段に記載 |
| | 保存方法 | 高温多湿を避けて保存してください。 |
| | 製造者 | ○○缶詰工業　株式会社<br>山形県○○市○○町○-○-○ |

### 〈アスパラガス缶詰の表示例〉

| | | |
|---|---|---|
| ① | 名称 | アスパラガス・水煮（ホワイト） |
| ② | 形状 | スピアー（皮むき） |
| ② | 基部の太さ | 中（M） |
| | 原材料名 | アスパラガス、食塩 |
| ③ | 固形量 | １６０g |
| ③ | 内容総量 | ２５０g |
| | 賞味期限 | 缶ぶたに記載 |
| ④ | 使用上の注意 | 開缶後はガラス等の容器に移し換えてください。 |
| | 原産国名 | アメリカ |
| | 輸入者 | ○○貿易　株式会社<br>東京都○○区○○町○-○-○ |

## ①名称

缶詰は中を見ることができないため、詰めたもの及びその状態がわかるように表示します。農産物缶詰の場合は、その農産物の名称や「シラップ」等の充てん液の種類、また、その農産物を特徴付ける色の区分などを、食品表示基準に従って表示します。

### ②形状・内容個数等

缶詰は、容器の外から中身を確認することができないため、「形状」や「大きさ」等の内容物に関する情報を表示します。

**〈表示される事項名*〉**

- 形状
- 果肉の大きさ
- 基部の太さ
- 粒の大きさ
- 果粒の大きさ
- 内容個数

＊内容物によって表示される内容が異なります。

### ③固形量・内容総量

固形物にシラップ等の充てん液を加えたものは、固形量及び内容総量を、グラム又はキログラムの単位で、単位を明記して表示します。

ただし、「固形量と内容総量がおおむね同一」な場合や、充てん液を加える主な目的が「内容物を保護するため」の場合は、内容総量の表示を省略することができます。

### ④使用上の注意

内面塗装缶以外を使用した缶詰は、使用上の注意として「開缶後はガラス等の容器に移し換えること。」等と表示します。

# 4 - 20

# 菓子類

## 〈洋生菓子の表示例〉

### 商品名：シュークリーム

| | | |
|---|---|---|
| ① | 名称 | 洋生菓子 |
| | 原材料名 | 牛乳（国内製造）、卵、砂糖、はちみつ、小麦粉、植物油脂（大豆を含む）、クリーム |
| | 添加物 | 乳化剤（大豆由来）、膨張剤、香料 |
| ② | 内容量 | ５個 |
| | 消費期限 | ○○．○○．○○ |
| ③ | 保存方法 | 10℃以下で保存してください。 |
| | 製造者 | 株式会社　○○洋菓子<br>○○県○○市○○町○-○-○ |

この商品ははちみつを含みますので１歳未満の乳児には与えないでください。

## 〈キャンデーの表示例〉

| | | |
|---|---|---|
| ① | 名称 | キャンデー |
| | 原材料名 | 砂糖（国内製造）、水あめ、濃縮りんご果汁／酸味料、香料、着色料（クチナシ、カロテノイド） |
| ② | 内容量 | ５０ｇ |
| | 賞味期限 | ○○．○○．○○ |
| ③ | 保存方法 | 直射日光、高温多湿を避けて保存してください。 |
| | 製造者 | ○○製菓　株式会社<br>○○県○○市○○町○-○-○ |

### 〈ビスケット類の表示例〉

### 商品名：ビスケット

| | | |
|---|---|---|
| ① | 名称 | ビスケット |
| | 原材料名 | 小麦粉、ショートニング、砂糖、ぶどう糖、植物油脂、小麦全粒粉、デキストリン、脱脂粉乳、小麦胚芽、食塩、全粉乳／膨張剤、香料、乳化剤、（一部に小麦・乳成分・大豆を含む） |
| ② | 内容量 | １２枚 |
| | 賞味期限 | ○○.○○ |
| ③ | 保存方法 | 直射日光、高温多湿を避けて保存してください。 |
| | 原産国名 | イギリス |
| | 輸入者 | 株式会社　○○商事<br>○○県○○市○○町○-○-○ |

④　不都合品は、上記宛にお送りください。お取り替えします。

### 〈チョコレートの表示例〉

| | | |
|---|---|---|
| ① | 名称 | チョコレート |
| | 原材料名 | 砂糖（国内製造）、マカダミアナッツ、全粉乳、カカオマス、植物油脂、ココアバター、乳糖／光沢剤、乳化剤（大豆由来）、香料 |
| ② | 内容量 | １２個 |
| | 賞味期限 | ○○.○○ |
| ③ | 保存方法 | ２８℃以下の涼しいところで保存してください。 |
| | 製造者 | ○○製菓　株式会社<br>○○県○○市○○町○-○-○ |

④

製品には万全を期しておりますが、万一不都合がございましたら、箱ごとお送りください。お取り替えいたします。

### 〈チューインガムの表示例〉（保存方法を省略した例）

| | | |
|---|---|---|
| ① | 名称 | チューインガム |
| | 原材料名 | 砂糖（国内製造）、水あめ、ぶどう糖、デキストリン／ガムベース、香料、酸味料、マンニトール、野菜色素 |
| ② | 内容量 | 12粒 |
| | 製造者 | ○○製菓　㈱<br>○○県○○市○○町○-○-○ |

④

かんだ後は紙に包んでくずかごに捨てましょう。

## ①名称

「和菓子」「洋生菓子」「焼菓子」「豆菓子」「キャンデー」「ビスケット」「チョコレート」等と、その内容を表す一般的な名称で表示します。

なお、ビスケット類やチョコレート類については、各々の業界団体が景品表示法に基づいて自主的に定めた「公正競争規約」において、名称（種類別名称）に関する定義が定められています。法的な義務ではありませんが、公正競争規約を定めた公正取引協議会などの団体に加盟している場合には、この規約に従った表示が必要です。

### ②内容量

菓子については、内容重量をグラム又はキログラムで表示するもの、個数や枚数で表示するものがあります。

次の表の菓子類は計量法により、密封して販売するときに、内容重量をグラム又はキログラムの単位で、単位を明記して表示することが義務付けられています。



**図表1　内容重量をグラム又はキログラムの単位で表示することが義務付けられた菓子**

| 対象 | グラム又はキログラムの単位で表示する条件 |
|---|---|
| ビスケット類、米菓及びキャンデー | ナッツ類、クリーム、チョコレート等をはさみ、入れ、又は付けたものを除くものとし、１個の重量が３g 未満のものに限る |
| チョコレート | ナッツ類、キャンデー等を入れ、もしくは付けたもの又は細工ものを除く |
| 油菓子 | １個の質量が３g 未満のものに限る |
| スナック菓子 | ポップコーンを除く |
| プリン及びゼリー | 缶入りのものに限る |
| 水ようかん | くり、ナッツ類等を入れたものを除くものとし、缶入りのものに限る |

ただし、表の条件にも記載したように「クリームをはさみ、又は入れたクッキー」「ナッツの入ったチョコレート」等重量の管理が難しいものや、１枚当たりの重量が３g 以上の「せんべい」等は枚数や個数で表示することができます。

### ③保存方法

商品の特性に合わせた保存方法を表示します。ただし、常温で保存すること以外に留意すべき点がないものについては、その表示を省略することができます。

**【賞味期限及び保存方法の省略】**

チューインガムは、品質の変化が極めて少ない食品とされ「賞味期限」や「保存方法」の表示を省略することができます。

※賞味期限や保存方法の省略については、第３章　３－７、３－８参照。

### ④その他の事業者団体の自主的な表示ルール（公正競争規約による表示）

**【事故品を取り替えることの表示】**

ビスケット類、チョコレートについては、事故品を取り替えることを表示します。

**【ガムのエチケット表示】**

チューインガムについては、ガムをかんだ後の処理方法を表示します。

**関 連 情 報**

はちみつにはボツリヌス菌が入っていることがあります。ボツリヌス菌は耐熱性が高く、通常の加熱処理ではリスクを下げることができません。腸内環境が整っていない１歳未満の乳児は、はちみつを食べることによって乳児ボツリヌス症にかかることがありますので、はちみつを含む食品には「１歳未満の乳児には与えないでください。」という情報を表示することが厚生労働省より推奨されています。

# 4 - 21

# もち・米菓

## 〈豆もちの表示例〉（もち米が 50%以上の国産品）

| | | |
|---|---|---|
| | 名称 | 豆もち |
| | 原材料名 | 水稲もち米、えんどう豆、大豆、食塩 |
| ① | 原料原産地名 | 新潟県（水稲もち米） |
| ③ | 内容量 | ３００ｇ |
| | 消費期限 | ○○．○○．○○ |
| | 保存方法 | 直射日光・高温多湿を避けて、常温で保存してください。 |
| | 製造者 | 有限会社　○○製菓<br>○○県○○市○○町○-○-○ |

## 〈包装もちの表示例〉（もち米が 50%未満の国産品）

②

| | | |
|---|---|---|
| | 名称 | 包装もち |
| | 原材料名 | もち米粉（もち米（中国産））、もち米（国産） |
| ③ | 内容量 | １ｋｇ |
| | 消費期限 | ○○．○○．○○ |
| | 保存方法 | 直射日光・高温多湿を避けて、常温で保存してください。 |
| | 製造者 | 株式会社　○○食品<br>○○県○○市○○町○-○-○ |

## 〈米菓の表示例〉（米穀の産地を原材料名欄へ表示した例）

②

| | | |
|---|---|---|
| | 名称 | 米菓（せんべい） |
| | 原材料名 | うるち米（国産、米国産）、植物油脂、砂糖、しょうゆ（大豆・小麦を含む）、でん粉／調味料（アミノ酸等）、カラメル色素 |
| ③ | 内容量 | １０枚 |
| | 賞味期限 | ○○．○○．○○ |
| | 保存方法 | 直射日光・高温多湿を避けて常温で保存。 |
| | 製造者 | 株式会社　○○本舗<br>○○県○○市○○町○-○-○ |

**【もちの原材料の原産地に関する考え方】**

もちの原材料の原産地に関しては、「使用した原材料のうち重量の割合が50% 以上のもち米」は、①のように食品表示基準により原料原産地を表示します。一方、「使用した原材料のうち重量の割合が50% 未満のもち米」や「使用した重量の割合にかかわらずすべての米粉」については、②のように米トレーサビリティ法の対象としてもち米の産地や米粉の原料となった米の産地の情報を表示します。

### ①原料原産地表示

国内で製造し、「のしもち」「切りもち」等として販売されるもののうち、原材料としてもち米を50%以上使用しているものは、原料原産地表示に関する個別ルールが定められた22の食品群の１つ（食品表示基準　別表第15の1(6)に該当）です。これらについては、原材料及び添加物に占める重量の割合が50% 以上であるもち米の原産地を、国別重量順に「原料原産地名欄を設けて表示」するか、又は「原材料名欄に表示された原材料名の次に括弧書きで表示」します。

※原料原産地名の表示の詳細については、第３章　３－５参照。

### ②米トレーサビリティ法の表示

米トレーサビリティ法では国内で加工製造されたもの、外国で加工製造されたもののいずれであっても、もち、だんご、米菓等の指定米穀等の販売・提供にあたり、使用された米の産地情報の伝達を義務付けています。

もち米の割合が50%未満の「もち」や、せんべいなどの「米菓」は、米トレーサビリティ法に従って、使用した米穀（米粉やうるち米等）の産地を表示します。このようにもちや米菓では対象原材料に該当するものが米やその加工品であるため、米トレーサビリティ法により米の産地情報が示され、消費者は原料原産地の情報を得ることができることから、食品表示基準の原料原産地表示の規定は適用されません。

米トレーサビリティ法による産地表示の方法は、次の４つの方法があります。

（1）原材料名の欄に記載された米穀の後に括弧書きで表示する。

（２）パッケージの表面に米の産地を記載する。
（３）裏面にウェブサイトや問い合わせ窓口を表示する。
（４）小売店内で商品の説明とわかる形で立て札などで米の産地を表示する。

**〈米トレーサビリティ法における産地表示例〉（枠外へ表示した例）**

・パッケージの表面等に表示（（２）の例）

| |
|---|
| **国産米100%使用** |

・ウェブサイトや問い合わせ窓口を表示（（３）の例）

| |
|---|
| **※原料米の産地情報については、<br>当社お客様係まで、お尋ねください。<br>フリーダイヤル：0120-○○○-○○○** |

### ③内容量

もち及び米菓は計量法の規定により内容重量を、グラム又はキログラムの単位で、単位を明記して表示します。個包装された切りもちも全体の内容重量を表示します。

ただし、米菓については１枚当たりの重量が３g以上の場合、枚数や個数で表示することができます。

# 4 - 22 飲料（ミネラルウォーター・清涼飲料水）

## 1 ミネラルウォーター

〈ナチュラルミネラルウォーターの表示例〉

| | | |
|---|---|---|
| ① | 名称 | ナチュラルミネラルウォーター |
| ② | 原材料名 | 水（鉱泉水） |
| | 内容量 | ５００ｍｌ |
| ③ | 賞味期限 | キャップに記載 |
| ③ | 保存方法 | 直射日光を避け、常温で保存してください。 |
| | 原産国名 | イタリア |
| | 輸入者 | 株式会社　○○商事<br>○○県○○市○○町○-○-○ |

④ EU の厳重な基準により容器包装詰めしているため、殺菌していません。

⑤ 採水地：パラヴィソ

### ①名称

「ミネラルウォーター類の品質表示ガイドライン」（農林水産省）の定義に従って表示します。

| 名称 | 定義 |
|---|---|
| ナチュラルウォーター | 特定の水源から採水された地下水を原水とし、沈殿、濾過、加熱殺菌以外の物理的・化学的処理を行っていないもの |
| ナチュラルミネラルウォーター | 「ナチュラルウォーター」のうち、鉱化された地下水（天然の二酸化炭素が溶解し、発泡性を有する地下水を含む。）を原水としたもの |
| ミネラルウォーター | 「ナチュラルミネラルウォーター」を原水とし、品質を安定させる目的等のためにミネラルの調整、ばっ気、複数の水源から採水したナチュラルミネラルウォーターの混合等が行われているもの |
| ボトルドウォーター又は飲用水 | 「ナチュラルウォーター」「ナチュラルミネラルウォーター」及び「ミネラルウォーター」以外のもの |

### ②原材料名

「ミネラルウォーター類の品質表示ガイドライン」に従って、「水」と記載し、水の次に括弧書きで、原水の種類を表示します。ただし、原水の種類を、そのまま原材料として表示していることもあります。

**〈原水の種類〉**

鉱水・鉱泉水・湧水・温泉水・浅井戸水・水道水　等

### ③賞味期限／保存方法

ガラス瓶又はポリエチレン容器入りの水は賞味期限や保存方法の表示を省略することができます。

### ④殺菌又は除菌していない旨の表示

水のみを原料とするミネラルウォーター（清涼飲料水）のうち、二酸化炭素の含有量の少ないもので殺菌又は除菌を行っていないものには、殺菌又は除菌を行っていない旨を枠外に表示します。

### ⑤採水地

「ミネラルウォーター類の品質表示ガイドライン」に従って、都道府県、郡、市、区及び町村名（輸入品はこれに準ずる地名）を枠外に表示します。

## 2　清涼飲料水（緑茶）

**〈緑茶飲料の表示例〉**

①

| | |
|---|---|
| 名称 | 緑茶（清涼飲料水） |
| 原材料名 | 緑茶（国産）／酸化防止剤（ビタミンC） |
| 内容量 | 500ml |
| 賞味期限 | キャップに記載 |
| 保存方法 | 高温・直射日光を避け保存してください。 |
| 製造者 | ○○飲料　株式会社<br>○○県○○市○○町○-○-○ |

②（国産）

### ①名称

「清涼飲料水」等と一般的な名称を表示します。ただし、緑茶にあっては、「緑茶（清涼飲料水）」と表示します。また、玄米茶のように茶葉とその他のものをあわせて原材料とするもので、緑茶の割合が50%未満の場合は、緑茶を使用していても緑茶飲料に該当しません。

### ②原料原産地名

水を除いた原材料及び添加物に占める緑茶の重量の割合が50%以上の国内で製造した緑茶飲料（食品表示基準　別表第15の1（5）に該当）については、原料原産地表示に関する個別のルールのある22の食品群に該当するため、その緑茶の荒茶を生産した場所を、「国別重量順」に原料原産地名欄を設けて表示するか、又は原材料名欄に表示された原材料名の次に、括弧書きで表示します。

なお、原材料及び添加物に占める茶葉の重量の割合が50%に満たないものについては、原材料に占める重量の割合が最も高い原材料の原産地を表示します。

※原料原産地名の表示の詳細については、第3章　3－5参照。

# 4 - 23

# パン類（食パン・菓子パン）

## 〈包装食パンの表示例〉

| | | |
|---|---|---|
| ① | 名称 | 食パン |
| ② | 原材料名 | 小麦粉（国内製造）、砂糖、ショートニング、脱脂粉乳、イースト、食塩／乳化剤、イーストフード、カゼインNa、ビタミンC、（一部に小麦・乳成分・大豆を含む） |
| ③ | 内容量 | 6枚 |
| | 消費期限 | 枠外下部に記載 |
| | 保存方法 | 直射日光・高温多湿を避けて保存してください。 |
| | 製造者 | ○○製パン　株式会社　＋P1<br>○○県○○市○○町○-○-○<br>〈お問い合わせ先〉 0120-○○○-○○○ |

②（ビタミンC）

消費期限：○○.○○.○○

④　1斤6枚（1斤は340 g以上です。）

## 〈菓子パンの表示例〉

## 商品名：いちごジャムパン

| | | |
|---|---|---|
| ① | 名称 | 菓子パン |
| ② | 原材料名 | 小麦粉（小麦（国産））、いちごジャム、砂糖、ぶどう糖果糖液糖、鶏卵、植物油脂（大豆を含む）、パン酵母、脱脂粉乳、食塩、ショートニング |
| ② | 添加物 | 乳化剤（大豆由来）、ゲル化剤（増粘多糖類）、酸味料、香料、イーストフード、酸化防止剤（V.C）、着色料（カロテン、紅麹） |
| ③ | 内容量 | 1個 |
| | 消費期限 | ○○.○○.○○ |
| | 保存方法 | 直射日光・高温多湿を避けて保存してください。 |
| | 製造者 | 有限会社　○○ベーカリー<br>○○県○○市○○町○-○-○ |

②（酸化防止剤（V.C））

### ①名称

「食パン」「菓子パン」「パン」「カットパン」と、食品表示基準の用語の定義に従って表示します。

### ②原材料名／添加物

原材料名の表示は、使用した原材料を、原材料に占める重量の割合の高いものから順に、その最も一般的な名称で表示します。

添加物の表示は、使用した添加物を、添加物に占める重量の割合の高いものから順に表示します。ただし、事項欄を設けずに原材料名欄の原材料名の次に明確に区分して表示することができます。

また、添加物は、同じ物質でも、その使用目的により表示方法が異なります。

表示例の食パンと菓子パンに記載している「ビタミンC」と「酸化防止剤（V.C）」は同じ物質です。食パンでは生地を改良する目的で使用しているため、物質名で「ビタミンC」と表示します。一方、菓子パンに使用している「V.C」は、いちごジャムの酸化防止を目的としています。食品表示基準では、酸化防止を目的として使用する場合は、物質名に用途名を併記することになっているため、「酸化防止剤（V.C）」と表示します。

※添加物の表示の詳細については、第３章　３－４参照。

### ③内容量

パン類は食品表示基準の規定により内容数量を表示します。このため、スライスしてある包装食パンについては、内容数量を枚数で表示します。包装食パン以外のパンでは、内容数量を単位を明記して表示しますが、１個のものは省略することができます。また、カットパンでは、内容数量に代えて内容重量を、グラム又はキログラムの単位で表示することができます。

### ④保証内容重量

食パンは、製品特性として重量のバラツキが起きやすいものです。このため、業界団体が景品表示法に基づいて自主的に定めた「包装食パンの表示に関する公正競争規約」で、消費者に正しい内容重量を示すための「保証内容重量」の表示を定めています。法的な義務ではありませんが、公正競争規約を定めた公正取引協議会などの団体に加盟している場合には、この規約に従った表示が必要です。

この保証内容重量の表示は、商品名と同一視野に入る場所又は別記様式の枠外で別記様式と同一視野に入る場所に、340g 以上のものを「1斤」と表示し、その表示に、「1斤は 340g 以上です。」と併記することとしています。

なお、1斤を 340g として換算した重量を、「1.5 斤」「半斤」などと斤を単位として表示することができます。

# 4-24 おにぎり・弁当・惣菜

## 1 おにぎり

〈おにぎり（店外加工品）の表示例〉

②

| | | |
|---|---|---|
| | 名称 | おにぎり（焼鮭） |
| ① | 原材料名 | ご飯（米（国産））、鮭、焼のり（国産）、食塩／調味料（アミノ酸等）、酸味料、pH 調整剤 |
| | 消費期限 | ○○.○○.○○　23 時 |
| | 保存方法 | 10℃以下で保存してください。 |
| | 製造者 | ○○デリカフーズ　株式会社<br>○○県○○市○○町○-○-○ |

### ①原材料名／添加物

使用した原材料は、重量の割合の高いものから順に、その最も一般的な名称で表示します。また、使用した添加物についても、添加物に占める重量の割合の高いものから順に表示します。

なお、表示ラベルが小さいなど、添加物欄を設けずに原材料名欄に添加物を表示する場合であっても、スラッシュ記号などで原材料名とは明確に区分して表示します。

### ②米の産地情報の表示／原料原産地表示

おにぎりについては、「米」の産地情報の伝達のための表示及び「のり」の原料原産地表示を行います。

**【米の産地情報】**

おにぎりの原材料の「ご飯」は、米トレーサビリティ法で、米の産地情報の伝達の対象となる「米飯類」に該当するため、米トレーサビリティ法の規定に基づき、原料米の産地を表示します。

**【おにぎりの「のり」の原料原産地】**

一方おにぎりの「のり」の原産地は、食品表示法における消費者の商品選択の上で重要な情報と考えられており、のりの生産者の意向も強いため、食品表示基準（別表第15の6）で、個別に原料原産地表示が義務付けられています。

対象となる「おにぎり」については、炊飯米又は炊飯米と具材を組み合わせた料理をのりで巻いたもののうち、次のものを指します。

〈対象範囲〉消費者が一般的におにぎりと認識するもの

・販売時にのりが巻かれているもの

・食べる前にのりを自ら巻く形態のもの

また、のりで巻いていても、次のものは、おにぎりののりの原料原産地表示の対象とはならないので注意します。

〈対象範囲外〉

・酢飯等で具材を巻いた巻物で、いわゆるお寿司に該当するもの

・唐揚げなどの「おかず」と一緒に容器包装にいれたもの（おむすび弁当）

**【おにぎりの「のり」の原料原産地名の表示方法】**

米飯類を巻く目的でのりを原材料として使用したものは、原材料ののりの重量の順位にかかわらず、原材料名欄に表示された名称の次に、括弧を付してのりの原料である原そうの原産地を表示します。

「国別重量順表示」で行うこととし、「又は表示」や「大括り表示」は認められていません。

具体的な表示方法としては、「のり（原そう（国産））」のように、のりの名称の次に括弧を付して、そののりの原料となる原そうの原産地を表示します。また、のりとのりの原そうの産地が同一の産地となることから、「のり（国産）」と表示することもできます。

※原料原産地名の表示の詳細については、第３章　３－５参照。

## 2 弁当・惣菜

② 国産米使用

**〈弁当（店外加工品）の表示例〉**

| | | |
|---|---|---|
| | 名称 | 幕の内弁当 |
| ① | 原材料名 | ご飯、鶏唐揚げ、鶏つくね、コンニャク煮、鮭塩焼き、卵焼き、椎茸煮、付け合わせ／調味料（アミノ酸等)、酸味料、pH 調整剤、グリシン、酸化防止剤（V.C)、甘味料（ステビア)、着色料（クチナシ、野菜色素)、(一部に卵・小麦・大豆・豚肉・鶏肉・さけを含む) |
| ④ | 消費期限 | ○○.○○.○○　23 時 |
| | 保存方法 | 直射日光、高温多湿を避けて保存してください。 |
| | 製造者 | ○○フーズ　株式会社<br>○○県○○市○○町○-○-○ |

**〈惣菜（店外加工品）の表示例〉**

②

| | | |
|---|---|---|
| | 名称 | きんぴらごぼう |
| ① | 原材料名 | ごぼう（国産)、人参、醤油（大豆・小麦を含む)、砂糖、ごま、ごま油、みりん／調味料（アミノ酸等)、ｐＨ調整剤 |
| ③ | 内容量 | ９０ｇ |
| ④ | 消費期限 | ○○.○○.○○ |
| | 保存方法 | 10℃以下で保存してください。 |
| | 製造者 | ○○フーズ食品　株式会社<br>○○県○○市○○町○-○-○ |

### ①原材料名 / 添加物

弁当や惣菜は表示ラベルが小さいなど、添加物欄を設けずに原材料名欄に添加物を表示することの多い食品です。その場合、原材料名欄の表示は、まず最初に、使用した食品である原材料を重量の割合の高いものから順に、その最も一般的な名称で表示します。その次に、スラッシュ記号などで食品である原材料とは明確に区分して使用した添加物を、添加物に占める重量の割合の高いものから順に表示します。

**【複合原材料の表示方法】**

複合原材料とは、「２種類以上の原材料からなる食材」のことをいいます。しょうゆやソース等の調味料や弁当のおかず等が複合原材料に該当します。

・調味料の例：トマトケチャップ、マヨネーズ、しょうゆ

・弁当のおかずの例：鶏唐揚げ、鮭塩焼き、ハンバーグ、煮物、きんぴらごぼう

複合原材料の表示方法は、複合原材料の名称の次に括弧書きで、その複合原材料の原材料を重量の割合の高いものから順に一般的な名称で表示します。

また、複合原材料に含まれる添加物は、括弧書きの中に含めずに製品全体に含まれる添加物とあわせて、重量の割合の高いものから順に表示します。

・複合原材料の表示方法の例：

トマトケチャップ（トマト、醸造酢、砂糖、食塩、香辛料）

煮物（サトイモ、人参、砂糖、しょうゆ（大豆・小麦を含む））

**【複合原材料の表示方法の例外】**

①複合原材料の原材料が３種類以上ある場合、複合原材料に占める重量の割合が３位以下で、かつ、複合原材料に占める重量の割合が５％未満の原材料は、「その他」と表示することができます。

例：煮物（サトイモ、人参、その他）

②でき上がった製品に占める複合原材料の重量の割合が５％未満であるときは、その複合原材料について、原材料の表示を省略することができます。

③複合原材料の名称からその原材料が明らかなときは、複合原材料について原材料の表示を省略することができます。

例：トマトケチャップ、鶏唐揚げ、かまぼこ、きんぴらごぼう

④付け合わせとして少量添えられる、のり佃煮や梅干しは「付け合わせ」と表示することができます。

※複合原材料については、第３章　３－３－１参照。

**【原材料（おかず）表示】**

弁当の外部から見て、その原材料がわかるおかずについては、簡素化して表示することが認められています。すべてのおかず類をまとめて「おかず」と表示すること、あるいはメインのおかずは具体的に表示し、それ以外を「その他おかず」「その他付け合わせ」と表示することが可能です。

ただし、フライや天ぷらのように衣に包まれたおかずは、中身を確認するのが困難で、その原材料が明らかではないため、表示を「おかず」と簡素化して表示することはできません。

表示を簡素化することで省略されるおかず類についても、アレルゲンを含む旨及び添加物の表示を省略することは認められていないため、他のアレルゲンや添加物とともに、明瞭に表示する必要があります。

### 〈省略可能なおかずと省略できないおかずの混在する弁当の簡素化の表示例〉

※外見でおかずの種類がわからないトンカツ、クリームコロッケを含む弁当

| | |
|---|---|
| 原材料名 | ご飯（米（国産））、トンカツ、鶏唐揚げ、煮物（里芋、人参、ごぼう、その他）、焼鮭、卵焼き、クリームコロッケ、スパゲッティ、ポテトサラダ、大根しょうゆ漬、付け合わせ／調味料（アミノ酸等）、・・・、（一部に小麦・卵・大豆・豚肉・鶏肉・さけ・乳成分を含む） |

赤文字箇所をその他おかずと表示

### 例１：省略できない「クリームコロッケ」までを重量順に表示

| | |
|---|---|
| 原材料名 | ご飯（米（国産））、トンカツ、鶏唐揚げ、煮物（里芋、人参、ごぼう、その他）、焼鮭、卵焼き、クリームコロッケ、その他おかず／調味料（アミノ酸等）、・・・、（一部に小麦・卵・大豆・豚肉・鶏肉・さけ・乳成分を含む） |

### 例２：メインのおかずに加え、省略できないおかず名を表示

| | |
|---|---|
| 原材料名 | ご飯（米（国産））、トンカツ、鶏唐揚げ、煮物（里芋、人参、ごぼう、その他）、その他おかず（クリームコロッケほか）／調味料（アミノ酸等）、・・・、（一部に小麦・卵・大豆・豚肉・鶏肉・さけ・乳成分を含む） |

### 例３：おかずに含まれるフライが「トンカツ」「クリームコロッケ」であることを添付シールで情報提供する場合

トンカツ
クリームコロッケ

原材料名：ご飯（米（国産））、おかず／調味料（アミノ酸等）、・・・
（一部に小麦・卵・大豆・豚肉・鶏肉・さけ・乳成分を含む）

おかずの内容を明確にラベルに記載している場合については、原材料名欄の表示を、単に「おかず」とすることが認められています。

省略できない「トンカツ」「クリームコロッケ」のみ表示することはできません。

| × | 原材料名 | ご飯（米（国産））、トンカツ、クリームコロッケ、その他おかず／調味料（アミノ酸等）、・・・、（一部に小麦・卵・大豆・豚肉・鶏肉・さけ・乳成分を含む） |
|---|---|---|

### ②原料原産地表示 / 米の産地情報の表示

原則として使用した原材料に占める重量の割合が最も高い原材料の原料原産地を表示します。

弁当でご飯などの米飯類が重量に占める割合が最も高い原材料となる場合は、米トレーサビリティ法に従って原料米の産地を表示することで、原料原産地表示を行ったこととなりますが、米飯以外の原材料が最も重量の重い原材料となる場合には、その原材料の原料原産地を表示した上で、ご飯などの米の産地情報も表示することが義務付けられています。

米トレーサビリティ法による米の産地情報の伝達（表示）が必要となるのは、各種弁当、ライスバーガー、赤飯、おこわ、米飯を調理したもの（指定米穀等に該当する米飯類）です。これらについては、米トレーサビリティ法に従って、原料米の産地を表示します。

表示方法としては、原材料名欄に記載するほか、店内に掲示する方法や、別添シールを貼る方法で、消費者に産地情報を伝達することも可能です。

### ③内容量

内容重量（グラム又はキログラム）を、単位を明記して表示するか、「１個」「１食」「１人前」と、内容数量により表示します。

透明の蓋がされた容器などで、内容量を外見上容易に識別できるものは、内容量の表示を省略することができます。

### ④消費期限

消費期限は、日付の表示が義務付けられているため、年月日で表示します。また、品質の劣化が特に早い弁当や惣菜では、年月日の表示に加え、必要に応じて時間についても表示することが望ましいとされています。

# 4 - 25

# ベビーフード
# （1歳未満の乳児を対象とした食品）

〈ベビーフードの表示例〉

① 乳児用規格適用食品（食品衛生法に基づき、乳児用食品に係る放射性物質の規格が適用される食品）

② ベビーフード

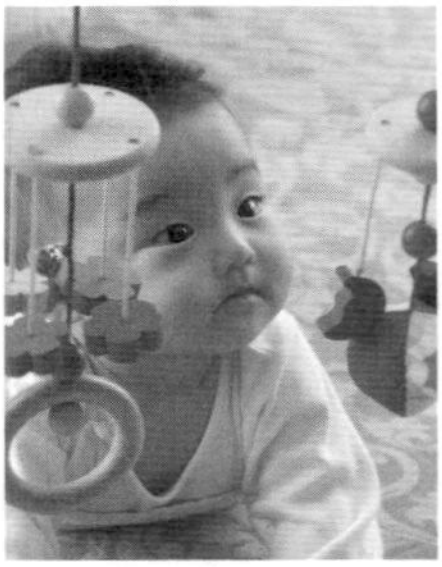

**５か月頃から** ←②

国産米の

**野菜がゆ**

１食分１００g

| 乳 | 卵 | 小麦 | そば | 落花生 | くるみ | えび | かに |
|---|---|---|---|---|---|---|---|
| − | − | ○ | − | − | − | − | − |

○：使用　−：不使用

なめらかに
すりつぶした状態 ←②

| | |
|---|---|
| 名称 | 野菜がゆ |
| 原材料名 | 精白米（国産）、野菜（ほうれんそう、にんじん、小松菜）、かつお節エキス、昆布エキス、玉ねぎエキス、小麦粉、食塩、植物油脂、でん粉／酸化防止剤(V.E)、レシチン（大豆由来） |
| 殺菌方法 | 気密性容器に密封し、加圧加熱殺菌 |
| 内容量 | １００g |
| 消費期限 | ○○○○.○○.○○ |
| 保存方法 | 直射日光・高温多湿を避けて保存してください。 |
| 製造者 | ○○フード株式会社<br>○○県○○市○○町○-○-○ |

調理方法：袋を切らずにお湯の中に１～２分つけて温めてください。

●この商品はレトルトパウチ食品です。

### ①乳児用規格適用食品の表示

厚生労働省では、2011年（平成23年）に発生した東京電力福島第一原子力発電所の事故による放射能問題を受け、食品衛生法において食品中の放射性物質の量について規格基準を定めています。基準は、一般向けと乳児向けに分けて基準値が設定されており、このうち、乳児向けの規格が適用された食料（飲料を含む。）については、食品表示基準において「乳児用規格適用食品である旨」の表示を義務付けています（「関連情報」参照）。

なお、「乳児用規格適用食品である旨」の表示を行うことで、消費者が食品衛生法に基づいた乳児用食品に係る放射性物質の規格が適用された食品であることを正確に理解し、商品を選択することができるようにするため、乳児用規格の内容も併記されることになりました。



**【乳児用食品の範囲】**

食品表示基準では、「食品 添加物等の規格基準（昭和34年厚生省告示第370号）」と同様に、対象となる「乳児」の年齢を児童福祉法等に準じて「1歳未満」としています。このため、表示が必要となる「乳児用食品」の範囲は、1歳未満の乳児を対象とした食品になります。

**【乳児用規格適用食品である旨の表示方法】**

「乳児用規格適用食品である旨」を表示する場合は、必ず、「乳児用規格適用食品（食品衛生法に基づき、乳児用食品に係る放射性物質の規格が適用される食品）」と表示します。

なお、以前は「乳児用規格適用食品」と表示することが認められていましたが、これだけでは乳児用食品に係る放射性物質の規格が適用される食品であることが多くの消費者にわからないことから、括弧を付してその内容を付記することになりました。

ただし、乳児用規格適用食品であることが容易に判別できる食品に該当する場合には、「乳児用規格適用食品である旨」の表示を省略することが認められています。

次の食品は、この省略規定の対象として表示が省略できます。

ア．乳児用調製粉乳及び調製液状乳（特別用途食品）

イ．アレルゲン除去食品及び無乳糖食品のうち、乳児（1歳未満）を対象とした粉乳及び液状乳（特別用途食品のうち病者用食品）

ウ．調製粉乳及び調製液状乳（フォローアップミルク等）

エ．アからウまでに掲げる食品以外であっても、乳児の飲食に供することを目的として販売する食品であることが容易に判別できる食品（「ベビーフード」や「ベビー飲料」などのように、「ベビー」の文言を「赤ちゃん」を示す言葉・用語として使用する場合は、1歳未満の乳児にも好適である旨の表示に該当します）。

したがって、「ベビーフード」や「ベビー飲料」と表示して販売する場合で、製造者などが対象年齢の設定を1歳以上としている場合は、「1歳を超えてから」などの対象年齢の表示をして販売するか、乳児用の規格に沿った商品設計を行った上で、「乳児用規格適用食品である旨」の表示が必要となります。

**【紛らわしい表示の禁止】**

乳児用規格が適用される食品以外には、乳児用規格適用食品である旨の表示はもちろん、これと紛らわしい表示をすることも禁止されています。

紛らわしいとされる表示例：「乳幼児用規格適用食品」「乳児用規格適合食品」など

なお、食品のサイズが一般のものに比べて小さい商品に「ベビードーナッツ」「ベビーチーズ」等の表示をした場合、その食品の対象年齢が1歳以上であることが社会通念上明らかな場合には、この表記のみで「紛らわしい表示」とみなされることはありません。

### ②ベビーフードの表示に関する自主基準による表示

ベビーフード業界では、一般消費者の適正な商品選択を保護し、公正な競争を確保することを目的とした「ベビーフードの表示に関する自主基準」を設け、食品表示基準で定められた義務表示事項とあわせて、次の項目について表示方法を定めています。

- 「商品名」
- 「乳幼児用食品を意味する文字」

・「製品特徴（離乳食の物性等）」
・「使用方法及び使用上の注意」
・「1回分の目安量」
・「対象時期（対象発育時期及び適用月齢）」
・「物性（液状、流動状、歯ぐきで噛める固さ等）」
・「消費者の質問の照会先」
・「容器包装識別表示」
・「警告表示（使用、調理等の危害）」

**関連情報**

### 食品中の放射性物質にかかる基準の設定

東京電力福島第一原子力発電所の事故後、食品中の放射性物質について、厚生労働省により暫定規制値が設定されましたが、より一層、食品の安全と安心を確保するために、長期的な観点から正式な基準値が設定され、2012年（平成24年）4月1日に施行されました。

この基準では、放射性物質を含む食品からの被ばく線量の上限を、年間5ミリシーベルトから1ミリシーベルトに引き下げ、これを基に放射性セシウムの基準値を設定しています。また、乳児用食品については、さらに厳しい基準が定められています。

〈基準値〉

・「一般食品」の基準値：100ベクレル/kg
・「乳児用食品」「牛乳」の基準値：50ベクレル/kg
　◆放射線の感受性が高い可能性があるとされる子供への配慮から、一般食品の半分の基準が定められました。
・「飲料水」の基準値：10ベクレル/kg
　◆すべての人が摂取し、代替がきかず、摂取量の多いことから、WHO（世界保健機関）が示す基準を踏まえて定められました。

# 4 - 26

# 茶葉（緑茶）・レギュラーコーヒー

## 1 茶葉（緑茶）

〈国内で製造したティーバッグ入りの緑茶の表示例〉

| | | | |
|---|---|---|---|
| ① | 名称 | 煎茶（ティーバッグ） | |
| ② | 原材料名 | 緑茶（国産） | ③ |
| ④ | 内容量 | ３０ｇ（３ｇ×１０袋入り） | |
| | 賞味期限 | ○○○○年○○月○○日 | |
| | 保存方法 | 直射日光・高温多湿を避けて保存してください。 | |
| | 製造者 | 株式会社○○製茶<br>○○県○○市○○町○-○-○ | |

⑤　使用上の注意：お茶は鮮度が大切です。早めにお飲みください。

### ①名称

「煎茶」「玉露」「番茶」「粉茶」「茎茶」「ほうじ茶」「玄米茶」「抹茶」「粉末茶」「固形茶」「インスタントティー」等と表示します。また、ティーバッグ入りの茶の場合は、茶の名称の次に括弧を付して「玄米茶（ティーバッグ）」等と表示することができます。

### ②原材料名

原材料名は、「茶」又は「緑茶」と表示します。

緑茶の名称や原材料名の表示は食品表示基準のほか、業界団体の定める「緑茶の表示基準実施細則（公益社団法人日本茶業中央会）」に基づいて表示されます。

### ③原料原産地名

輸入品以外の緑茶については、食品表示基準に従って、次のように荒茶の原材料の原産地を表示します。

なお、荒茶とは、摘み取った茶葉を加熱、乾燥させたものをいい、その後さらにブレンド等の工程を経て緑茶として製品化されます。

**図表1　緑茶の原料原産地表示の例**

| 条件 | 表示例 |
|---|---|
| 国内産の荒茶を用いて国内で仕上げたもの | 「緑茶（国産）」と表示 |
| A国産荒茶を用いて国内で仕上げたもの | 「緑茶（A国産）」と表示 |
| A国産荒茶 70%、国内産荒茶 30%を混合して国内で仕上げたもの | 荒茶の重量順に「緑茶（A国産、国産）」と表示 |
| A国で荒茶の製造から仕上げまで行った緑茶を輸入し、国内で単に小分け等を行ったもの | 原料原産地名ではなく、原産国として「原産国名：A国」と表示 |

### ④内容量

緑茶は計量法の規定により内容重量を、グラム又はキログラムの単位で、単位を明記して表示します。ティーバッグのような製品では、製品の総量がグラム又はキログラムの単位で正しく表示されていれば、その後に括弧書きなどで個包装当たりの重量と封入されている個数を表示することも可能です。

### ⑤使用上の注意／取り扱い上の注意

お茶の別記様式枠外には、使用上の注意や取り扱い上の注意が表示されていることがあります。これは自治体条例と業界の定める表示基準による表示です。

自治体条例としては、京都市及び大阪市で「使用上の注意」として開封後の取り扱いを表示することを義務付け、業界の定める表示基準としては、お茶の業界団体で「取り扱い上の注意」として開封後の取り扱い方法や、お茶のいれ方、飲用上の注意などを記載することとしています。

## 2 レギュラーコーヒー

〈国内で製造したレギュラーコーヒーの表示例〉

| | | |
|---|---|---|
| ① | 名称 | レギュラーコーヒー |
| ② | 原材料名 | コーヒー豆（生豆生産国名　ブラジル、コロンビア）← ③ |
| ④ | 内容量 | ２００g |
| | 賞味期限 | ○○○○年○○月○○日 |
| | 保存方法 | 直射日光・高温多湿を避けて保存してください。 |
| ⑤ | 使用上の注意 | 開封後はできるだけ早くご使用ください。 |
| ⑥ | 挽き方 | 中挽き |
| | 製造者 | 株式会社○○珈琲<br>○○県○○市○○町○-○-○ |

全日本コーヒー公正取引協議会会員 ⑦

### ①名称

コーヒーの木の種実を精製したコーヒー生豆を焙煎した「煎り豆」及び煎り豆にコーヒー生豆を加えたもの（挽いたものを含む。）は、「レギュラーコーヒー」と表示します。

なお、インスタントコーヒーを混合したもの及びインスタントコーヒーの製造工程における抽出液にレギュラーコーヒー粉末を混合して乾燥させたもので、最終製品の重量百分比率で、レギュラーコーヒーの割合が高いものは、「レギュラーコーヒー及びインスタントコーヒーの表示に関する公正競争規約」でレギュラーコーヒーとみなされるため、「レギュラーコーヒー（インスタントコーヒー入り）」と表示します。

### ②原材料名、③生豆生産国名（原料原産地名）

原材料名は、「コーヒー豆」と表示します。レギュラーコーヒーの原料原産地の表示は、公正競争規約に則して「コーヒー豆」の次に括弧を付して、「生豆生産国名」の見出しを付け、そのコーヒー生豆の生産国名を「コーヒー豆（生豆生産国名　ブラジル）」のように表示します。

ブレンドされている場合には、生豆生産国のうち主要なものについて、その国名を、原則として重量の割合の高い順に表示します。ただし、３か国以上使用している場合は、国名を原材料に占める重量の割合の高いものから順に２か国以上表示し、それ以外の国名については「その他」又は「他」と表示します。

### ④内容量

計量法の規定により内容重量を、グラム又はキログラムの単位で、単位を明記して表示します。

### ⑤使用上の注意

公正競争規約に基づいて「使用上の注意」の文字の後に、「開封後はできるだけ早く使用する。」「濡れたスプーン等は使用しない。」「火傷に注意する。」等の使用上の注意を別記様式内に表示します。

なお、使用上の注意を一括して表示することが困難な場合には、近接した他の箇所に表示することができます。

### ⑥挽き方

レギュラーコーヒーのうち、豆を挽いた粉製品については、「挽き方」の文字の後に、公正競争規約で定める基準に基づいて「粗（荒）挽き」「中挽き」「細挽き」等と表示します。豆のままの形状のレギュラーコーヒーや、インスタントコーヒーについては、挽き方の表示はありません。

### ⑦公正マーク

全日本コーヒー公正取引協議会の会員が「レギュラーコーヒー及びインスタントコーヒーの表示に関する公正競争規約」に適合した表示を行っている一般消費者向けの商品に、公正マークを付すことができます。

# 4 - 27

# 酒類　混成酒類　リキュール（低アルコールリキュール）

〈チューハイ（グレープフルーツ果汁入り）の表示例〉

| | | | |
|---|---|---|---|
| ③ | 原材料名 | グレープフルーツ果汁（外国製造）、スピリッツ、糖類／炭酸、酸味料、香料、甘味料（アセスルファムK、スクラロース） | ←④ |
| ⑤ | アルコール分 | ４％ | |
| ⑥ | 内容量 | ３５０ｍｌ | |
| | 賞味期限 | 缶底に表示 | |
| ⑦ | 製造者 | ○○酒造　株式会社<br>東京都○○区○○町○-○-○ | |

⑧　・20歳未満の者の飲酒は、法律で禁じられています。

⑩　・妊娠中や授乳期の飲酒は、胎児・乳児の発育に悪影響を与えるおそれがあります。

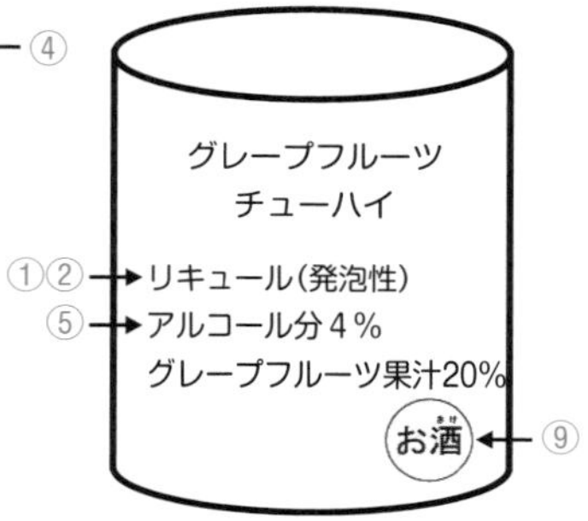


## 【酒類とは】

酒類とは、「酒税法」で定義されているアルコール分１度以上の飲料をいいます。この「アルコール分１度以上の飲料」には、アルコール分１度以上の飲料としてそのまま飲めるもののほか、「希釈してアルコール分１度以上の飲料とすることができるもの」と「溶解してアルコール分１度以上の飲料とすることができる粉末状のもの」も含まれます。

## 【酒類の義務表示事項について】

酒類の表示については、食品表示法の制定により酒類が食品として取り扱われることとなったため、食品表示基準、酒税法及び酒類業組合法（酒税の保全及び酒類業組合等に関する法律）等に基づいて表示を行います。

食品表示基準では、義務表示の特例として酒類に「原材料名」「アレルゲン」

「原産国名」を表示する必要はありません。また、「期限表示」「保存の方法」「栄養成分の量及び熱量」についても表示を省略することができます。

なお、2017年（平成29年）9月の食品表示基準の改正により、酒類も原料原産地の表示が必要となりました。ただし、すでに別の法律により原材料の原産地が表示（情報伝達）されている清酒や果実酒等は、食品表示基準における原料原産地表示の規定は適用されません。

表示すべき事項としては、酒税法及び酒類業組合法、食品表示基準に基づいて次の項目を表示します。

①品目（名称）
②発泡性を有する旨の表示
③（原材料名）/ 添加物
④原料原産地名（原材料の原産地名）
⑤アルコール分
⑥内容量
⑦製造者の氏名又は名称及び所在地
⑧20歳未満の者の飲酒防止に関する表示

次の⑨及び⑩は、業界団体の定める自主基準による表示です。

⑨酒マークの表示*1
⑩アルコールと健康問題等に関する事項*2

＊1　低アルコールリキュール等の酒マークの表示等に関する自主基準（日本洋酒酒造組合）

＊2　酒類の広告・宣伝及び酒類容器の表示に関する自主基準（飲酒に関する連絡協議会）

## ①品目（名称）

酒類は名称を品目として表示します。

酒税法では、酒類に関する用語を定義付けており、酒類の品目を表示する場合は、この酒税法で定義付けられた「清酒」「単式蒸留焼酎」「果実酒」「ビール」「発泡酒」等と表示します。表示例のように、酒類と糖類等を原料とした酒類で、エキス分が2％以上のものは、品名を「リキュール」と表示しますが、これらのリキュールのうち、アルコール分が10度未満のものを低アルコールリキュールといいます。

表示する場所は、ラベルなどの主たる商標を表示する側の胴部、肩部等、酒類を陳列棚やケースに陳列した場合に、酒類の品目が消費者に容易に認識できる場所に表示します。ただし、他の義務表示事項等と一括して表示する場合は、主たる商標を表示する側以外の場所(底部を除く。)に表示することができます。

### ②発泡性を有する旨の表示

品目が「ビール」「発泡酒」以外で、アルコール分が10度未満で発泡性を有するものは、「リキュール」などの品目名の次に、「発泡性」「炭酸ガス入り」のように「発泡性を有する旨」を表示します。

なお、ホップ等の原材料を使用した酒類では、「発泡性を有する旨」の次に、税率の適用区分の表示が必要となる場合があります。

### ③(原材料名)/添加物

食品表示基準において酒類に原材料名の表示を行う義務はありませんが、添加物の表示は義務となります。また、業界の自主基準により「原材料表示」をする場合、表示の方法は食品表示基準の別記様式に従って、添加物を表示します。

例えば「低アルコールリキュールの原材料表示に関する自主基準」では、次の(1)又は(2)の方法により、それぞれの区分ごとに、原材料に占める重量の割合の高いものから順に表示します。

(1) 製造する酒類を最も印象付ける原料酒類を第1順位とする方法
　区分:①酒類　②果実、果汁、その他の物品　③糖類

(2) 製造する酒類を最も特徴付ける原料を第1順位とする方法
　区分:①果実、果汁、香味料　②酒類　③その他の物品　④糖類

また、使用した添加物を、原材料と明確に区分し、添加物に占める重量の割合の高いものから順に表示します。

### ④原料原産地名（原材料の原産地名）

食品表示法において酒類は加工食品に該当することから、原料原産地表示の対象とされていますが、原材料名の表示義務はありません。

このため、原材料に占める重量の割合が最も高い原材料（対象原材料）の原料原産地表示は、「容器包装に原料原産地名欄を設け、原材料名に対応させて原料原産地を表示する」、原材料名欄を設けて原材料名を表示している場合については、「原材料名欄に表示してある原材料名に対応させて括弧を付して原料原産地を表示する」の、いずれかの方法で表示します。

なお、清酒、単式蒸留焼酎（米焼酎）、みりん、果実酒及び甘味果実酒であって、米トレーサビリティ法又は酒類業組合法に基づく表示の基準に基づき、重量割合上位１位の原材料の原産地が表示（情報伝達）されている場合は、食品表示基準の原料原産地表示の規定は適用されません。

### ⑤アルコール分

アルコール分の表示は、原則として法に定める税率適用区分を同じくする１度の範囲内で「○○度以上○○度未満」と「度」又は「%」の単位で、単位を明記して表示します。

このほかの表示方法としては、「未満」ではなく「以下」を使って表示する方法や下限値で表示する方法があります。

例：アルコール分が15度以上16度未満のものを表示する場合

- 「アルコール分15.0度以上16度未満」
- 「アルコール分15.0度以上15.9度以下」
- 「アルコール分15度」　等

### ⑥内容量

計量法の規定により内容体積を、ミリリットル又はリットルの単位で、単位を明記して表示します。

また、主たる商標を表示する側に品目と内容量を単位を明記して表示する場合は、事項名の「内容量」の文字を省略しても差し支えありません。

### ⑦製造者の氏名又は名称及び所在地

酒類製造業者は、その製造場から移出する酒類の容器の見やすい箇所に、その氏名又は名称及びその製造場の所在地を表示します。

### ⑧ 20歳未満の者の飲酒防止に関する表示

酒類の容器又は包装には、「20歳未満の者の飲酒防止に関する表示基準」に基づいて「20歳未満の者の飲酒は法律で禁止されている旨」の表示をします。

### ⑨酒マークの表示（その他の表示）

誤飲事故が発生していたアルコール分が10度未満の低アルコールリキュールなどについて、一般消費者が清涼飲料、果実飲料等の酒類以外の飲料と誤認することを防止するため、容器や包装へ酒マークを表示することが定められています。

ア．酒マークは、円形又は楕円形の中に「お酒」という文字を記す方式とし、文字の白抜き及び色刷りは自由とする。

イ．「お酒」という文字は、ゴシックの横書きとし、「酒」の文字には「さけ」というふりがなを付する。

ウ．ラベル等の地色とは対照的な色にする等、酒マークが鮮明になるようにし、円の中及び円の周囲には模様を付さないこととする。

表示場所は、原則として、主たる表示面の下部とします。この場合、主たる表示面が2つ以上のときは、各々の表示面に表示します。

### ⑩アルコールと健康問題等に関する事項

業界団体の定める「酒類の広告･宣伝及び酒類容器の表示に関する自主基準」では、アルコールと健康問題等に関する事項として、

ⓐ妊産婦の飲酒に関する注意表示の文言の「妊娠中や授乳期の飲酒は、胎児･乳児の発育に悪影響を与えるおそれがあります」

ⓑ酒類の消費と健康に関する注意表示の文言の「飲みすぎに注意」や「お酒

は適量を」

ⓒ酒類容器のリサイクルに関する注意表示の文言の「空き缶はリサイクル」の表示を行うことを定めています。

2.0 リットルを超える容器のものには、ⓐ～ⓒのすべてが義務付けられますが、2.0 リットル以下の容器のものには、ⓐ～ⓒの１項目以上を任意で表示することに努めることとされています。

**関 連 情 報**

**酒類売り場の店頭表示**

酒類小売販売場（酒類製造業者及び酒類販売業者以外の者に酒類を販売する場所をいう。）においても、酒類の「20 歳未満の者の飲酒防止に関する表示基準」に基づく表示が義務付けられています。

酒類の陳列場所の見やすい箇所に、「酒類の売場である」又は「酒類の陳列場所である旨」及び「20 歳以上の年齢であることを確認できない場合には酒類を販売しない旨」の表示をあわせて行う必要があります。

〈お酒コーナーの掲示ポスター例〉

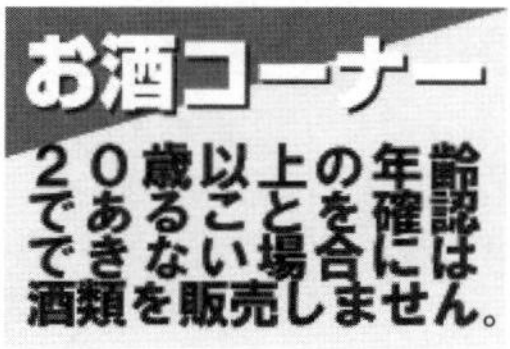


（国税庁：「酒類の陳列場所における表示」のための「酒類の売場である」旨等の表示サンプルより）

# 4-28-1

# 飲食店の店頭表示

食品表示基準では、原則として飲食店などで提供される食品に表示は義務付けられていませんが、図表1のようにそのほかの複数の法令により、飲食店でも消費者に正しく情報を伝えることが求められています。

図表1　飲食店での表示の根拠となる法令等

| 法令等 | 飲食店での表示が求められる契機となった出来事 | |
|---|---|---|
| 牛トレーサビリティ法 | 2001年（平成13年） | 国内で牛海綿状脳症（BSE）発生 |
| 米トレーサビリティ法 | 2008年（平成20年） | 事故米の不正転売事件 |
| 生食用食肉の基準化 | 2011年（平成23年） | 牛ユッケによる集団食中毒 |
| メニュー・料理等の食品表示に係る景品表示法上の考え方について（ガイドライン） | 2013年（平成25年） | ホテル、百貨店、レストラン等のメニュー表示の誤表示 |

# 4-28-2

# 飲食店の義務表示事項

## 1　牛肉の「個体識別番号」の表示について

牛トレーサビリティ法では日本で飼育された牛について、牛海綿状脳症（BSE）への対策として、個体を識別するための情報伝達が定められています。これに基づいて、対象となる牛肉に「個体識別番号」又は、個体識別番号が特定できる「荷口（ロット）番号とその問い合わせ先」を表示することが義務付けられています。

**【表示義務の対象となる牛肉　（特定牛肉）】**

表示義務の対象となる牛の肉を「特定牛肉」といいます。この特定牛肉とは、国内で餌を与えて飼養され牛個体識別台帳に記録された牛から得られた牛肉の枝肉・部分肉・精肉を指します。ただし、牛肉加工品、ひき肉、牛肉の整形に伴い副次的に得られたくず肉は対象となりません。

**【表示義務の対象となる料理　（特定料理）】**

表示義務の対象となる料理を「特定料理」といいます。この特定料理は、特定牛肉を使用した「焼肉」「しゃぶしゃぶ」「すき焼き」「ステーキ」の４品です。特定牛肉を使用した料理であってもハンバーグやローストビーフ等「特定料理」以外の料理は対象にはなりません。

**【表示義務が課せられる事業者　（特定料理提供業者）】**

表示義務が課せられる事業者を「特定料理提供業者」といいます。この特定料理提供業者とは、特定料理を提供する者のうち、料理の提供を主たる事業とし、かつ、提供する料理が主として特定料理である者を指します。すなわち、特定料理が一部メニューに限られているファミリーレストラン等で「特定料理」を提供する場合は対象とはなりません。

なお、「特定料理提供業者」に課せられるのは、個体識別番号又は対応が明らかなロット番号を表示することのほか、特定牛肉の仕入れに関する事項の記録、保存があります。

**【個体識別番号等の表示の方法】**

特定料理提供業者が特定料理の提供をするときは、個体識別番号又は荷口（ロット）番号とその問い合わせ先を、店舗の見やすい場所又はメニューに表示することが定められています。具体的には「店内の掲示板」「メニュー表示した紙を差し込む」「料理に表示した紙を添える」等の方法で表示します。

また、複数の個体識別番号又は荷口番号を表示する場合の表示の単位は、「１の注文の単位」＝「１メニュー」ごとになります。

〈お品書きや料理に表示をする場合〉

黒毛和牛すき焼き

本日のお肉の
個体識別番号は
1234567890
です。

本日のメニューに使用している国産牛の個体識別番号

| メニュー名 | 個体識別番号 |
|---|---|
| すき焼き | 5040302010 |
| しゃぶしゃぶ | 0102030405 |
| しゃぶしゃぶ | 9876543210 |
| 焼き肉セット | A0101* |

＊印はロット番号です。
個体識別番号については、㈱○○畜産（TEL:0000-00-0000）にお問い合わせください。

なお、お客様に聞かれたときに口頭で知らせるなどの方法は不十分とされ、認められていません。

## 2　「米飯類」の産地情報の伝達について

レストラン等の外食事業者（飲食店）が客に米トレーサビリティ法の対象となる米飯類の提供をする際には、米の産地情報の伝達が義務付けられています。

**【伝達義務の対象となる米飯類】**

米トレーサビリティ法の対象となる米飯類は、各種弁当、各種おにぎり、ライスバーガー、赤飯、おこわ、米飯を調理したもの（白飯、おかゆ、ぞうすい、混ぜご飯、寿司、チャーハン、ピラフ、パエリア、オムライス、カレーライス、ドリア等）、包装米飯、発芽玄米、乾燥米飯類等の米飯類を指します。ただし、米を原材料としていても粒状ではない五平餅、おはぎ、きりたんぽ等は対象となりません。

**【伝達すべき産地情報】**

使用している米の産地情報として伝達が求められるのは次の情報です。

・国産米：「国内産」「国産」又は、都道府県名もしくは一般に知られている地名

・外国産米：「国名」

**【飲食店での米の産地情報の伝達の方法】**

具体的な伝達方法としては、メニューや店の入り口の看板等の目に付きやす

い場所に「当店のお米は国産米を使用しています。」等と、具体的な産地情報を表示します。メニューにより産地が異なる場合は「オムライス：米国産」「ピラフ：国産」等と明瞭に表示します。

また、店内に「お米の産地情報については、店員にお問い合わせください。」等の掲示をして、消費者の求めに応じて店員が産地情報を伝達することもできます。この場合は、産地情報を正しく伝達するための対応マニュアル等を定め、従業員がその手順に従って適切に対応できることが必要です。

**〈店内に産地情報を掲示する例〉**

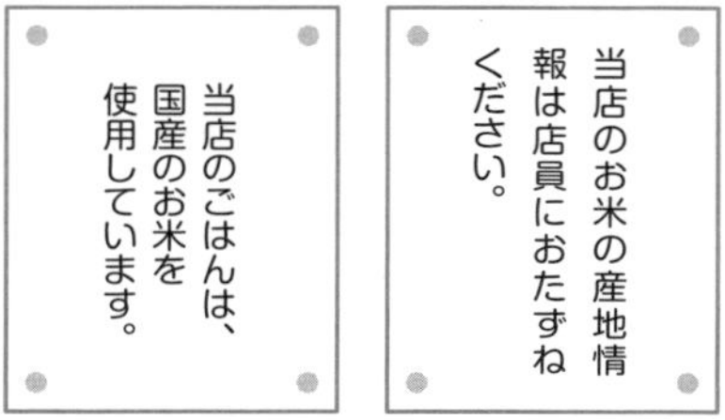


●店内の目立つ場所に表示します。

**〈メニューブックに表示する例〉**

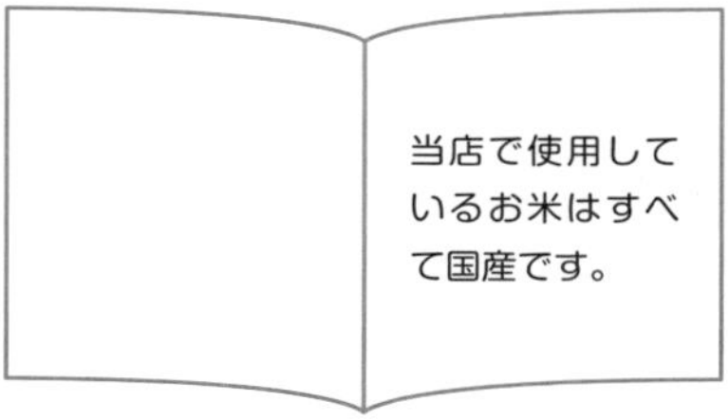


## 3 生食用牛肉の表示について

生食用牛肉については、厚生労働省及び消費者庁により「生食用食肉の規格基準」及び「生食用食肉の表示基準」が設定されており、これらの基準を満たしていない牛肉を生食用として提供及び販売した場合、食品衛生法違反となります。

また、飲食店等における、生食用食肉（牛肉）の販売に際して注意喚起に係る表示が、食品表示基準でも義務付けられ、以下の表示が必要となりました。

（1）一般的に食肉の生食は食中毒のリスクがある旨

（2）子供、高齢者その他食中毒に対する抵抗力の弱い者は食肉の生食を控えるべき旨

なお、「子供」「高齢者」「その他食中毒に対する抵抗力の弱い者」については、これら３つの用語を示す文言を３つともすべて表示する必要があります。

飲食店において「生食用食肉の規格基準」を満たしている食肉を容器包装に

入れずに販売する場合も、メニューや店内の見やすい場所に表示します。

### 〈店内やメニューに表示する場合〉

| |
|---|
| ①一般的に食肉の生食は食中毒のリスクがあります。<br>②子供、高齢者、その他食中毒に対する抵抗力の弱い方は食肉の生食をお控えください。 |

●飲食店において「生食用食肉の規格基準」を満たしている食肉を容器包装に入れずに販売する場合、メニューや店内の見やすい場所に表示します。

**関連情報**

**豚肉の生食について**

豚レバーをはじめ豚肉を生食用として提供することについては、E型肝炎のほか、サルモネラ属菌及びカンピロバクター・ジェジュニ/コリ等の食中毒のリスクがあることから、2015年（平成27年）6月12日よりすべて禁止されました。

**カンピロバクターによる食中毒の予防について**

2016年（平成28年）の屋外イベントで提供された加熱不十分な鶏肉（鶏肉の寿司）によって、500名を超える患者が発生したカンピロバクターによる大規模食中毒事例などを受けて、厚生労働省では、鶏肉を適切に取り扱い、十分な加熱調理をして、安全に提供することを呼びかけています。特に鶏レバーやささみなどの刺身、鶏肉のタタキなどの半生又は加熱不足の鶏肉料理ではカンピロバクター食中毒が多発しているため、メニューの見直しを求めています。

# 4-28-3 外食・中食における推奨表示事項

消費者庁が実施する2021年（令和3年）度の「食品表示に関する消費者意向調査」において、食品を購入する際に「原料原産地」の表示を参考にしていると回答した者の割合は、61.3%となっており、原料の原産地に対する関心は依然として高い傾向があります。また、外食についても原材料の原産地表示を求める声が強くなっています。

消費者が商品を選択する上で重要な手段である外食メニューや中食商品の表示等について、正しい情報の提供をするために、外食及び中食事業者の連携のもと、自主的な情報提供を推進するため、「外食・中食における原料原産地情報提供ガイドライン」が策定されました。

一方、外食や百貨店などのメニューや料理の原産地表示の誤表示による混乱の発生から、優良誤認を防止するためのガイドラインとして、「メニュー・料理等の食品表示に係る景品表示法上の考え方について」が公表されています。

## 1 外食・中食における原料原産地情報提供ガイドライン

### 【対象】

このガイドラインは、業種・業態や事業規模の大小に関わりなく、すべての「外食事業者」や、インストア加工による惣菜、弁当（持ち帰り）、量り売り等の販売形態で営む「中食事業者」が対象となります。

### 【原料原産地の情報提供】

① 次の原材料については、「原材料」及び「原産地」の情報を提供します。

ア．単一の主たる原材料を使った外食メニューや中食商品の原材料例：

| |
|---|
| ・ステーキ⇒牛肉（アメリカ産）<br>・魚の照り焼き⇒魚種名（ぶり）・原産地（日本海） |

イ．外食メニュー名・中食商品名に用いられている原材料

例：

| |
|---|
| ・チキンソテー⇒（鶏肉：ブラジル産）<br>・白身魚の唐揚げ弁当⇒白身魚の魚種名（まだら）・原産地（アメリカ産）<br>・ぶりの照焼⇒（ぶり：日本海） |

ウ．こだわり食材の原材料

例：

| |
|---|
| ・旬のさんま⇒旬のさんま（三陸沖）<br>・しゃきしゃき蓮根のサラダ⇒原材料（蓮根）・原産地（茨城県産） |

② ①の原材料に該当しない場合であっても、消費者から注文の多いもの、又は外食・中食事業者が主力メニューや商品として積極的に売り出している「主要なメニュー・商品」の原材料については、積極的に原産地の情報を提供するとともに、トンカツの付け合わせであるキャベツなど①の原材料以外の原材料についても、同様に情報提供することとされています。

例：

| |
|---|
| ・唐揚げ⇒肉の種類（鶏）・原産地（ブラジル産）<br>・トンカツ⇒トンカツ（豚肉はデンマーク産、キャベツは国産） |

③「地産地消」「農業、水産業等との連携等により安定した調達」「原材料の生産流通履歴情報のわかるトレーサビリティの確保」に取り組んでいる外食・中食事業者では、原材料の種類ごとに原産地を表示するなど、情報提供の方法を工夫することによって、原産地に関するより多くの情報の提供に努めます。

例：

| |
|---|
| 「野菜は地元○○県産のものを使用しています。」<br>「○○漁港で水揚げされた鮮魚を直送しています。」 |

## 【情報提供する原料原産地の内容】

基本的には、国産品の場合は「国産である旨」を、輸入品の場合は「原産国名」の情報を提供します。ただし、原材料が国産の場合は、生鮮食品と同じように都道府県名やその他一般に知られている地名等で表示することができます。また、輸入品の場合は、農産物、畜産物ともに一般に知られている地名等の表示、水産物には、原産国名に水域名を併記することができます。

１つの原材料で、複数の原産地（原産国）の原材料を使用する場合、主な原材料の原産地は、国別重量順表示を原則とし、対象原材料の産地について、国別に重量の割合が高いものから順に国名を「、」（読点）でつないで記載します。ただし、国別重量順での表示が困難な場合は、「国別重量順の記載ではない旨」を但し書きとして記載した上で、メニューや商品名に対する「主要原料」と「原産地」の表を作成し、使用可能性のある原産地を網羅的に明示することができます。

また、表示する原材料の原産地が季節移動したり、一時的に変動したりする場合、原産国の次にその旨を表示します。

例：「レタスは原則国産ですが、天候の影響により外国産のものを使用することがあります。」

なお、主な原材料の原産地の情報の一部が流通業者等から伝達されない場合や、メニュー等に印字する場合で、工夫してもすべての原産国を記載することが困難な場合には、伝達されない原産国や表示できない原産国を「その他」と記載することができます。

## 【情報提供（表示）の方法】

消費者の利便に配慮して、正確な情報提供に努め、「見やすい、聞きやすい、わかりやすい店舗」を構築することとされています。

店舗での情報提供にあたっては、「惣菜など販売ケースの商品や外食のメニュー見本に近接したプライスカードやポップへの表示」「外食の卓上メニューやメニューブックへの表示、ボードの店内掲示」「店員による情報提供」などがあります。

また、インターネットを活用した「ホームページにメニューや商品情報を掲載」「メニュー等に印字した２次元コードの読み取りによる情報の提供」等、原料原産地情報に限らず、メニューや店頭商品のポップ等の表示だけでは伝えきれない生産方法等に関する情報を提供するという方法もあります。

なお、外食や中食では、１つの原材料が複数のメニュー・商品に使用されるという特徴を活かして、次のような情報提供を行うことも可能です。

a. メニューブックの巻末等に原材料ごとにまとめて原産地を表示する方法

例：

| |
|---|
| 野菜は国内（長野、茨城、千葉、東北地方）の契約農家から、豚肉は米国、デンマークから仕入れています。 |

b. メニュー・商品のジャンルごとに原材料をまとめて原産地を表示する方法

例：

| |
|---|
| ハンバーグに使用している牛肉はオーストラリア産、豚肉はアメリカ産です。 |

**〈例：店頭のボード掲示板〉**

**〈例：２次元コードを使った産地等の情報提供〉**

見本

産地情報の２次元コード

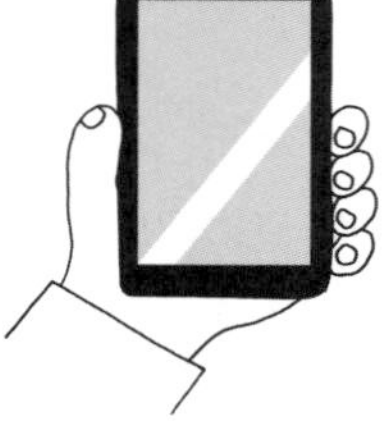

２次元コードを読み取ることで、スマートフォンで情報を受け取ることができる

Column 2

## インターネットで販売される商品の表示はどうなるの？

インターネットの普及に伴い、インターネットを通じた食品・サービスの購入も広がっています。しかし、消費者がインターネットを通じて食品を購入する場合、食品を直接手に取ることができないため、食品表示に関する情報が必ずしも消費者に対して伝達されていない場合もあります。

消費者庁では「食品のインターネット販売における情報提供の在り方懇談会」を設け検討を行い、2016 年（平成 28 年）12 月に報告書を公表しました。報告書では、情報提供のあり方について、消費者側からは、食品をインターネットで購入する場合でも選択肢が増えるよう、義務表示事項に係る情報を確認した上で購入したいとのニーズがあること、事業者側からは、消費者のニーズに合わせたウェブサイトづくりの必要があるなど、義務表示事項に係る情報提供にあたって、さまざまな課題を克服する必要があることなどを踏まえ、事業者は、消費者が購入時に食品の義務表示事項と同等の情報の内容を確認できるような環境を整備することを目標としつつ、段階的に情報提供の取り組みを推進・拡大することが望ましいとの結論になりました。

事業者による取り組みのポイントとしては、①消費者ニーズの高い情報から取り組みを進めるなど、対応できる情報や商品から取り組みを行うこと、②ラベル表示を参考にしたりインターネットの特性（リンクや画像貼付等）を活かして提供したりするなど、消費者にわかりやすい方法で提供すること、③供給者と販売者の関係性構築により業者間の情報伝達の円滑化を図ることが示されています。

2019年（令和元年）8月の消費者委員会食品表示部会「食品表示の全体像に関する報告書」では、わかりやすく活用される食品表示とするための取り組みの中で、食品のインターネット販売等への利活用について、ウェブを用いた食品表示の可能性を検討することとされています。

新型コロナウイルス禍で、Eコマースが世界各国で急速に進展しました。コーデックス委員会*の食品表示部会でもインターネット販売における食品表示のあり方が議論されています。国内では消費者庁が実態調査や分析を行っています。新しい生活様式の下での食品表示のあり方が問われています。

＊コーデックス委員会は、消費者の健康の保護、食品の公正な貿易の確保等を目的として、1963年にFAO（国連食糧農業機関）及びWHO（世界保健機関）により設置された国際的な政府間機関であり、国際食品規格（コーデックス規格）の策定等を行っています。この委員会のもとに食品表示部会を含む複数の部会が設置され、個々の議題について規格・基準等の策定に向けた活動を行っています。

# 第5章

# その他の食品表示やマーク

# 5-1 保健機能食品・特別用途食品

「保健機能食品」とは、国が定めた安全性や有効性に関する基準などに従って、「お腹の調子を整える」といった食品の機能が表示されている食品です。この「保健機能食品」には「特定保健用食品」「栄養機能食品」及び「機能性表示食品」の３種類があります。

また、健康増進法では、乳児、妊産婦、病者等の健康の保持・回復などに適する食品に「特別用途食品」と表示することができる制度が設けられており、「特定保健用食品」は、この「特別用途食品」の一部でもあります。

なお、保健機能食品以外の一般食品には、食品の機能を表示することはできません。

**図表1　保健機能食品の分類**

| 医薬品 | 特別用途食品 | | 保健機能食品 | | 一般食品 |
|---|---|---|---|---|---|
| （医薬部外品を含む。） | 特別用途食品 | 特定保健用食品 | 栄養機能食品 | 機能性表示食品 | （いわゆる健康食品を含む。） |

## 1 機能性表示食品

### （１）機能性表示食品とは

「機能性表示食品」とは、疾病に罹患していない者（未成年者、妊産婦（妊娠を計画している者を含む。）及び授乳婦を除く。）に対し、事業者の責任において、機能性関与成分により特定の保健の目的が期待できる旨を、科学的根拠に基づいて容器包装に表示した食品です。

対象となるのは、容器包装に入れられた一般用の「加工食品」と「生鮮食品」です。

事業者が、国の定めた一定のルールに基づき安全性や機能性に関する評価を行うとともに、生産・製造、品質の管理の体制、健康被害の情報収集体制を整え、商品の販売日の60日前までに消費者庁長官に届け出る必要があります。

届け出られた内容は消費者庁のウェブサイトで公開され、消費者は食品の安全性や機能性がどのように確保されているかなどについて、商品の情報を購入前に確認することができます。

### （2）表示内容

機能性表示食品には、「機能性表示食品である旨」「届け出た機能性表示（「本品には○○○が含まれています。○○○は△△△の機能があることが報告されています。」といった機能性に関する表示）」「機能性関与成分名」「届出番号」「機能性及び安全性について国による評価を受けたものではない旨」「疾病の診断、治療、予防を目的としたものではない旨」「疾病にすでに罹患している人、未成年者等に対し訴求したものではない旨（加工食品のみ）」「バランスの取れた食生活の普及啓発を図る文言」等を表示します。

機能性表示の範囲は、疾病に罹患していない者の健康の維持及び増進に役立つ旨又は適する旨の表示に限られており、疾病の治療や予防を目的とするような表示・表現は認められません。

認められない表現例：「糖尿病の人に」「高血圧の人に」「増毛」「美白」

## 2 栄養機能食品

### （1）栄養機能食品とは

「栄養機能食品」とは、特定の栄養成分の補給を目的として利用される食品で、定められた方法に従って、その栄養成分について機能の表示をしている食品です。

対象となるのは、容器包装に入れられた一般用の「加工食品」と「生鮮食品」で、栄養機能食品として表示を行うことができる栄養成分は、図表２のとおりです。これらの栄養成分については、１日当たりの摂取目安量に含まれる栄養成分量が、定められた上・下限値の規格基準に適合している必要があります。
なお、国への許可申請や届出の義務はありません。

### 図表2　栄養機能食品の規格基準が定められている栄養成分

| | |
|---|---|
| ミネラル | 亜鉛、カリウム*、カルシウム、鉄、銅、マグネシウム |
| ビタミン | ナイアシン、パントテン酸、ビオチン、ビタミンA、ビタミン$B_1$、ビタミン$B_2$、ビタミン$B_6$、ビタミン$B_{12}$、ビタミンC、ビタミンD、ビタミンE、ビタミンK、葉酸 |
| その他 | n－3系脂肪酸 |

＊過剰摂取のリスクを回避するため、錠剤、カプセル等の食品は対象外

### （2）表示内容

栄養機能食品には、「栄養機能食品である旨」「栄養成分の機能」「１日当たりの摂取目安量」「摂取する上での注意事項」「消費者庁長官の個別の審査を受けたものではない旨」等を表示します。

「栄養成分の機能」及び「摂取する上での注意事項」は、図表３に例示したような定められた文言で表示します。なお、規格基準が定められた栄養成分以外の成分の機能を示す用語、特定の保健の目的が期待できる旨を示す用語を表示することは禁止されています。

### 図表3　栄養成分の機能及び摂取する上での注意事項の例

| 栄養成分 | 栄養成分の機能 | 摂取する上での注意事項 |
|---|---|---|
| カリウム | カリウムは、正常な血圧を保つのに必要な栄養素です。 | 本品は、多量摂取により疾病が治癒したり、より健康が増進するものではありません。１日の摂取量を守ってください。腎機能が低下している方は本品の摂取を避けてください。 |
| ビタミンK | ビタミンKは、正常な血液凝固能を維持する栄養素です。 | 本品は、多量摂取により疾病が治癒したり、より健康が増進するものではありません。１日の摂取量を守ってください。血液凝固阻止薬を服用している方は本品の摂取を避けてください。 |

| 栄養成分 | 栄養成分の機能 | 摂取する上での注意事項 |
|---|---|---|
| ビオチン | ビオチンは、皮膚や粘膜の健康維持を助ける栄養素です。 | 本品は、多量摂取により疾病が治癒したり、より健康が増進するものではありません。１日の摂取量を守ってください。 |
| ｎ－３系脂肪酸 | ｎ－３系脂肪酸は、皮膚の健康維持を助ける栄養素です。 | 本品は、多量摂取により疾病が治癒したり、より健康が増進するものではありません。１日の摂取量を守ってください。 |

## 3 特定保健用食品

### （１）特定保健用食品とは

「特定保健用食品」は、からだの生理学的機能等に影響を与える保健機能成分（関与成分）を含む食品で、健康の維持増進に役立つことが科学的根拠に基づいて認められ、「お腹の調子を整える」というような、特定の保健の目的が期待できることを表示することが許可された食品です。

その食品に表示される効果や安全性について国が審査を行い、食品ごとに消費者庁長官が許可をしています。

特定の保健の目的には、「お腹の調子を整える」「コレステロールが高めの方に適する」「食後の中性脂肪の上昇を抑える」「食後の血糖値が気になる方に適する」「血圧が高めの方に適する」「歯を丈夫で健康にする」といったものがあります。

### （２）表示内容

特定保健用食品には、「商品名」「特定保健用食品である旨」「許可を受けた表示内容」「許可証票（マーク）」等を表示します。

健康の保持増進の効果等についての虚偽・誇大表示、許可された保健の用途を不当に改変して強調する表示、許可を受けていない保健の用途の表示を行うことは、禁止されています。

〈特定保健用食品マーク〉

# 4 特別用途食品

## （1）特別用途食品とは

「特別用途食品」とは、乳児、妊産婦・授乳婦、病者等、医学・栄養学的な配慮が必要な対象者の発育や健康の保持・回復に適することが確認され、その旨を表示することが消費者庁長官に許可された食品です。

表示の許可にあたっては、許可基準があるものについては、その適合性を審査し、許可基準のないものについては、個別に評価が行われます。

特別用途食品は「病者用食品」「妊産婦・授乳婦用粉乳」「乳児用調製乳（乳児用調製粉乳・乳児用調製液状乳）」「えん下困難者用食品」「特定保健用食品」に分けられています。

## （2）表示内容

特別用途食品（特定保健用食品を除く。）には、「商品名」「許可を受けた表示内容」「許可証票（マーク）」等を表示します。マークの下部の「区分」には、「病者用食品」等の用途を表示します。

〈特別用途食品マーク〉

# 5-2 スマイルケア食について

農林水産省は、高齢化社会の到来により介護食品のニーズが拡大することを想定し、有識者会議を設けて介護食品の供給拡大に向けた検討を行い、スマイルケア食の枠組みを整備しました。

介護食品を必要とする方の「食べることに関して問題がある」状態とは、噛む・飲み込むという身体的機能の低下だけでなく、栄養バランスの崩れや、食事量そのものの不足により低栄養に陥り健康状態を悪化させる可能性がある状態も含みます。また、食べる機能の低下にはさまざまな段階があり、噛むことが徐々に難しくなっている段階、さらには、飲み込む動作自体が難しくなっている段階があります。利用者の体の状態にあった形態の食事は、噛む力、飲み込む力の維持に役立ちます。

これまでも、2009年（平成21年）に特別用途食品にえん下困難者用食品という区分が新設されるなどの対応がなされてきました。スマイルケア食は、これらの介護食品を、誰もがよりわかりやすく選べるようにと2016年（平成28年）に整備されたものです。



## 1 スマイルケア食とは

「スマイルケア食」とは、これまで介護食品と呼ばれてきた食品の範囲を整理し、新しく枠組みを整備した食品です。健康維持上栄養補給を必要とする人向けの食品（青マーク）、噛むことが難しい人向けの食品（黄マーク）、飲み込むことが難しい人向けの食品（赤マーク）に分類されています。

なお、形状がカプセルや錠剤となっているものは、利用者の自己判断に基づく過剰摂取などのおそれもあることから「スマイルケア食」の対象にはなっていません。

## 2 スマイルケア食識別マークの種類と表示方法

【青マーク】

噛むこと・飲み込むことに問題はないものの健康維持上栄養補給を必要とする方向けの食品です。青マークを付けることができるのは市販される経口タイプの加工食品で、エネルギー及びたんぱく質等の含有量の基準値を満たしていることを事業者自らが公表することにより、マークの使用が可能となります。

青マークの表示方法は、「スマイルケア食」及び「エネルギー・たんぱく質の補給に」という文言と併記して表示することと定められています。

【黄マーク】

噛むことが難しい方向けの食品です。黄マークには4つの区分があり、それぞれ「そしゃく配慮食品の日本農林規格」に適合するものとして、JAS制度による認証を受けた事業者が格付の表示（JASマーク）を付した商品に表示することができます。

黄マークの表示方法は、「そしゃく配慮食品の日本農林規格」に定める「容易に噛める」等の摂食時の内容物の固さを示す表示に近接して表示することと定められています。

【赤マーク】

飲み込むことが難しい方向けの食品です。特別用途食品のえん下困難者用食品の表示許可を取得した商品に赤マークを表示することができます。

赤マークの表示方法は、「特別用途食品の表示許可等について」に定める許可基準区分の表示に近接して表示することと定められています。

なお、スマイルケア食識別マーク（青、黄、赤マーク）を表示しようとする場合は、「スマイルケア食識別マーク利用許諾要領」に基づき、農林水産省に申請を行う必要があります。

〈スマイルケア食識別マークの表示例〉

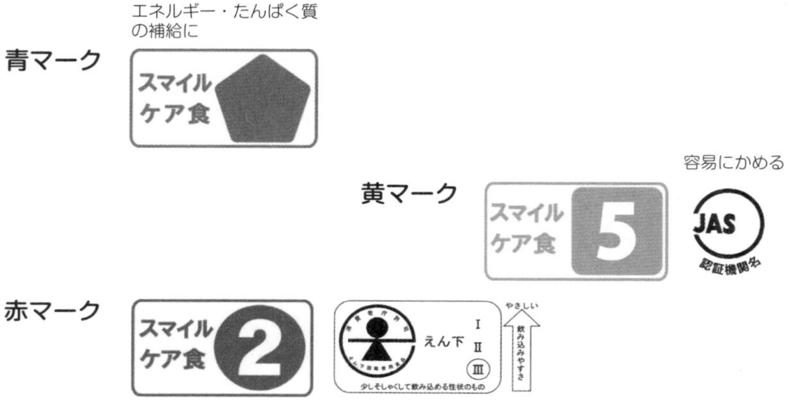


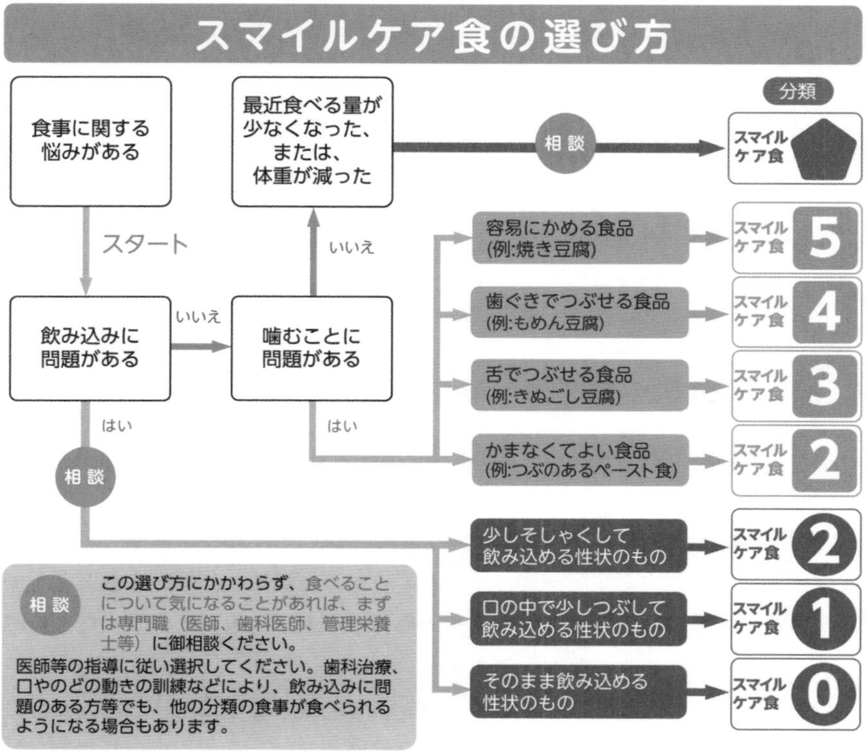


出典：「スマイルケア食の選び方」（早見表）農林水産省ホームページより（一部編集）

# 5-3 日本農林規格のマーク（JASマーク）

JAS制度は、食品・農林水産品やこれらの取扱い等の方法などについての規格(JAS)を国が制定するとともに､JASを満たすことを証するマーク(JASマーク）を当該食品・農林水産品や事業者の広告などに表示できる制度です。

日本農林規格（JAS）は、主に次の4つに大別されます。

① 農林物資の品位、成分、性能その他の品質、生産方法、流通行程についての基準（以下「農林物資のJAS」という）

② 農林物資の生産、販売その他の取扱い又はこれを業とする者の経営管理の方法についての基準（以下「取扱い方法のJAS」という）

③ 農林物資に関する試験、分析、測定、鑑定、検査又は検定の方法についての基準（以下「試験方法のJAS」という）

④ ①〜③に準ずるものとして農林水産省で定める基準

## 1 JASマークを付けるには

ここでは、上記のうち①の「農林物資のJAS」マークの貼付について説明します。

「農林物資のJAS」は、農林物資が規格に適合していることを第三者（登録認証機関）が確認する認証制度です。この登録認証機関は、第三者機関として認証業務を行う組織であり、あらかじめ農林水産大臣へ申請し、登録認証機関としての登録を受ける必要があります。

JASマークを付けようとする事業者は、農林物資の種類ごとに農林水産大臣が定めた認証の技術的基準（製造施設、品質管理、製品検査、生産行程管理等の体制）に適合していることを、登録認証機関による書類及び実地の調査を受け、認証を受ける必要があります。認証された事業者は、認証後も登録認証機関による定期的な調査を受けなければなりません。

認証された事業者が検査を行いJASに適合していると判定することを格付《かくづけ》といい、格付を行った製品にはJASマークを付けることができます。その格付の仕組みは、図表1のとおりです。

図表1　JASの格付の仕組み

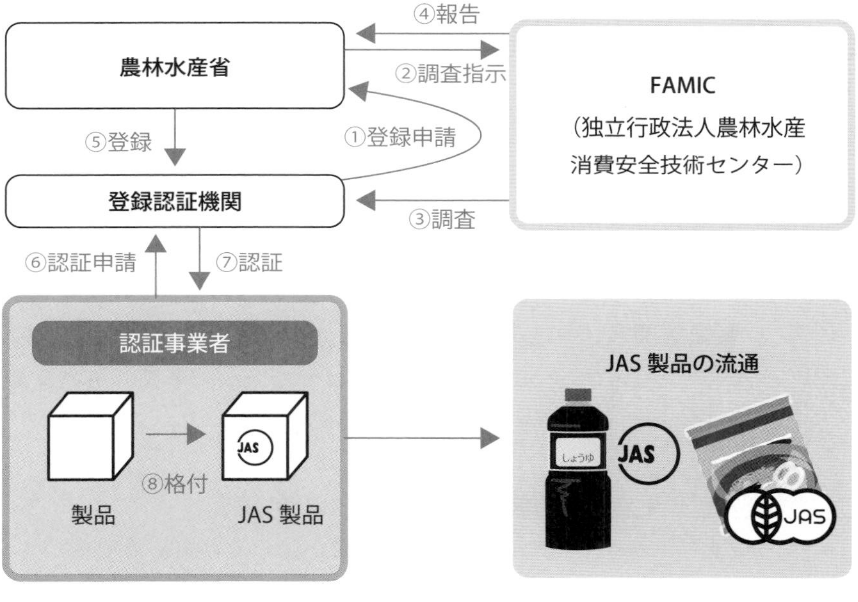


## 2　食料品に付されるJASマーク

以下に生鮮食品や加工食品など製品に付されるJASマークの種類を紹介します。

### （1）飲食料品及び油脂に付されるJAS

飲食料品及び油脂に関しては、生活に身近な多くの食品について、規格が制定されています。

〈JAS マーク〉

認証機関名

それぞれのJASでは、用語の定義を定め、性状（色沢、香味、粘度等）、原材料、添加物等の当該規格の品質を決定付ける製造方法や製品の成分等の品質の基準及び表示の基準等についてそれぞれ定めています。

また、品質によって等級（特級・上級・標準）の基準を定めている規格もあります。

### （2）有機 JAS

〈有機 JAS マーク〉

認証機関名

有機食品（農産物、畜産物、加工食品）の規格では、それぞれ生産の方法が定められていて、それらの基準を満たした食品にマークを付すことができます。この「有機JASマーク」がない農畜産物と農畜産物加工食品に「有機」「オーガニック」等の名称や紛らわしい表示を付すことは法律で禁じられています。

有機藻類に付すことができる「有機藻類JASマーク」もあります。

### （3）生産行程や生産情報公表 JAS 等に付される JAS

〈生産行程や生産情報公表 JAS 等に付される JAS マーク〉

認証機関名

熟成期間が定められている熟成ハム、熟成ソーセージ、熟成ベーコン、飼育期間や飼育方法などが定められている地鶏肉、手作業の行程が定められている手延べ干しめん、障害者が生産行程に携わった食品、人口種苗生産技術による水産養殖産品、持続可能性に配慮した鶏卵・鶏肉などのほか、認証事業者が必要な生産情報を記録、保管及び公表している生産情報公表牛肉、生産情報公表養殖魚などに付されます。

# 5-4 容器包装の識別マーク

食品の容器包装には、容器包装の種類を識別するためのマークが表示されています。これは容器包装廃棄物のリサイクルが円滑に行われるよう、「資源の有効な利用の促進に関する法律」（以下「資源有効利用促進法」という。）に基づいて、食品製造事業者等の容器の利用事業者、容器そのものの製造事業者、輸入販売事業者に対して表示が義務付けられているものです（図表1参照）。

**図表1　容器包装の識別マーク（義務表示）**

| マーク | 対象 | |
|---|---|---|
| アルミ | アルミ缶 | 飲料・酒類用のアルミ缶 |
| スチール | スチール缶 | 飲料・酒類用のスチール缶 |
| 1 PET | ペットボトル | 次の用途に使用されるPET製の容器<br>○飲料（例：清涼飲料、乳飲料、果汁飲料）<br>○酒類（例：焼酎、本みりん、清酒）<br>○特定調味料（例：しょうゆ、しょうゆ加工品、食酢、ノンオイルのドレッシングタイプ調味料） |
| プラ | プラスチック製容器包装 | プラスチック素材の容器包装（飲料、酒類、特定調味料用のPETボトルを除く） |
| 紙 | 紙製容器包装 | 紙製の容器包装で、「飲料、酒類用紙パックでアルミ不使用のもの」及び「段ボール」を除いたもの。（例:紙箱、デザート類の紙製カップ、アルミニウムを使用した飲料用紙パック、包装紙） |

また、法律に基づくもののほかにも、“飲料用紙容器（紙パック）”や“段ボール”など、リユースやリサイクルを進める目的で事業者団体等が容器包装の素

材や回収ルートがあることを示す識別マークを定めているものがあります。

## 図表2　容器包装の識別マーク（任意表示）

| マーク | 対象 | マークの運営団体等 |
|---|---|---|
| | 紙パック<br>アルミニウムを不使用の飲料用紙容器 | 「飲料用紙容器リサイクル協議会」が定めた自主的なリサイクルマーク |
| | 段ボール<br>ワックス含浸やアルミ箔ラミネート等の加工がされた製紙原料として利用困難なものを除く。 | 「国際段ボール協会」が定めた国際的に共通のリサイクルマーク。日本では段ボールリサイクル協議会が推進 |
| | スチール缶<br>一般缶（贈答用の菓子や海苔などに使われている鉄製容器） | 「全日本一般缶工業団体連合会」が定めた自主的なリサイクルマーク |
| | ガラスびん<br>協会が認定するリターナブルガラスびん | 「日本ガラスびん協会」が定めた自主的なリサイクルマーク |

出典：環境省　環境ラベル等データベースより

### 関連情報

**「資源有効利用促進法」と「容器包装リサイクル法」**

「混ぜればゴミ、分ければ資源」との標語が示すように、物質ごとに分別された状態であれば、使用済みの容器包装を原料として新たな製品をつくり出すことができます。「資源有効利用促進法」で定められた識別マークは、消費者が廃棄物を分別し排出する際の参考となるように制定されたものです。

「容器包装リサイクル法（正式名称：容器包装に係る分別収集及び再商品化の促進等に関する法律）」によって、①消費者が廃棄物を識別マークによって分別し排出すること、②それを市町村が分別して回収すること、③事業者がそのリサイクル（再商品化）にあたることの３つが、それぞれ義務付けられています。

このような仕組みによって、循環型経済システムが構築されることが期待されています。

# 5-5 公正競争規約の食品表示マーク



## 【公正競争規約とは】

公正競争規約とは、さまざまな事業者団体が、消費者保護の観点から表示と景品類についてのルールを自主的に設定し、消費者庁長官及び公正取引委員会の認定を受けたものです。各事業者団体に所属している企業が、この規約に基づいた適正な表示や景品類の提供に努めています。

公正競争規約は業界大多数の良識を「商慣習」として明文化することで、この「商慣習」を自分も守れば他の事業者も守るという保証を与え、とかくエスカレートしがちな不当表示や過大な景品類の提供を未然に防ぐことが期待されています。消費者に商品の内容を正しく伝えるため、表示禁止事項なども定めています。

表示に関しては酒類を含む40種類以上の食品に公正競争規約があり、公正競争規約に従った適正な表示をしている商品を消費者が容易に選べるようにするため、独自の公正マークを表示しているものもあります。

### 〈公正マークが定められている品目の例〉

| ① 飲用乳 | | |
|---|---|---|
| | 対象 | 「牛乳」「特別牛乳」「成分調整牛乳」「低脂肪牛乳」「無脂肪牛乳」「加工乳」「乳飲料」の7種の飲用乳 |
| | 表示禁止事項 | 客観的な根拠に基づかないで、特製、高級等の文言を用いること、飲用乳の商品名における「本もの」「生」「天然」「自然」「純」「新鮮」又はこれらに類似する表示は禁止されています。 |

| ② 食用塩 | | |
|---|---|---|
| | 対象 | 一般消費者向けに食用として販売される、塩化ナトリウムの含有量が 40%以上の固形物（塩化ナトリウムが 40%未満のものやごま塩のように食品が混合された塩は含まれません。） |
| | 表示禁止事項 | 「ミネラル豊富」「ミネラルいっぱい」等、ミネラルの含有量が豊富であることを意味する表示や合理的な根拠に基づかない「太古」「最古」「古代」「昔ながら」等の歴史性を意味する表示は禁止されています。 |

| ③ ドレッシング類 | | |
|---|---|---|
| | 対象 | 半固体状ドレッシング（マヨネーズ、サラダクリーミードレッシング等）、乳化液状ドレッシング、分離液状ドレッシング、ドレッシングタイプ調味料、サラダ用調味料 |
| | 表示禁止事項 | 「黒酢」「ノンオイルドレッシング」「無添加」「手作り」「高級」等の表示は、特定用語の使用基準に合致しない場合には、禁止されています。 |

| ④ みそ | | |
|---|---|---|
| | 対象 | 米みそ、麦みそ、豆みそ、調合みそ |
| | 表示禁止事項 | 「生」「天然醸造」「手造り」「特選」「吟醸」「長期熟成」「だし入りみそ」「２年みそ」等の表示は、特定用語の使用基準に合致しない場合には、禁止されています。 |

| ⑤ レギュラーコーヒー及びインスタントコーヒー | | |
|---|---|---|
| | 対象 | レギュラーコーヒー、インスタントコーヒー |
| | 表示禁止事項 | コーヒー生豆の産地、品種、銘柄、焙煎方法等の表示は、特定用語の使用基準に合致しない場合には、禁止されています。 |

| ⑥ はちみつ類 | | |
|---|---|---|
| | 対象 | はちみつ、甘露はちみつ、巣はちみつ及び巣はちみつ入りはちみつ |
| | 表示禁止事項 | 公正取引協議会の承認を受けずに行う「特選」「高級」「デラックス」その他これらに類似する意味内容の文言を用いた表示は禁止されています。 |

# 5-6

# 地理的表示保護制度のマーク（GIマーク）

【地理的表示保護制度とは】

地域で育まれた伝統と特性を有する国内外の農林水産物・食品を対象とし、品質等の特性が産地と結び付いており、その結び付きを特定できるような名称（地理的表示）が付されているものについて、その地理的表示を知的財産として国に登録することができる制度です。

この制度は、地理的表示法（特定農林水産物等の名称の保護に関する法律）に基づき、2015年（平成27年）6月1日から運用されています。

地理的表示の対象となるのは、「酒類を除く農林水産物等」であり、薬機法に規定する医薬品、医薬部外品、化粧品等は対象となっていません。

なお、酒類については別途「酒類の地理的表示に関する表示基準」（国税庁告示）があり、それに基づき表示します。

具体的には、地理的表示は「地名＋産品名」から成り、現在登録されている食品には、あおもりカシス、市田柿、神戸ビーフ、夕張メロン、鳥取砂丘らっきょう、八女伝統本玉露等のほか、プロシュット ディ パルマ（イタリア）のように海外の食品もあります。

【登録標章「GIマーク」】

GIマークは、地理的表示を使用する際に一緒に使用することができるものであり、産品の確立した特性と地域との結び付きが見られる真正な地理的表示産品であることを証するものです。GIマークを、不正に使用した場合には、地理的表示法の規定に基づき、罰則が科されます。

第 6 章

# 私たちの食生活について考える

これまで見てきたように、食品表示は、生産者と消費者をつなぐ架け橋の役割を持っています。食品表示を正しく読み取ることで、消費者は多くの情報を入手することが可能になります。第６章では、食生活と健康との結び付きや、グローバルな視点で食料事情を見ることによって、食料という限りある資源の有効な活用方法について考察していきます。

# 6-1 私たちの食生活と健康

## 1 我が国における食料消費の動向

我が国では、1世帯当たりの人員数の減少や65歳以上の人口比率の増加などの人口構成の変化とともに食料消費支出の割合も変化しており、生鮮食品の支出割合は、2000年（平成12年）から2021年（令和3年）までの20年余りで、33.8％から29.5％と4.3ポイントも低下しています*。主に調理の素材として使われる加工食品の支出割合は18％程度と大きな変化はありませんが、新型コロナウイルス感染症の影響もあり外食の割合が減少し、購入後すぐに食べることができるような「調理食品」の支出割合は増加傾向にあります。このように、市販の弁当や惣菜を家庭でそのまま食べる「中食」の形態を含めた食の外部化が進展したことで、ますます食品表示を活用した健康管理が重要となっています。

＊出典：「令和3年度食料・農業・農村白書」（農林水産省）

## 2 食生活と健康

人の健康を支える大切な要素に食事があります。毎日の食事は、消化・吸収されて私たちの体を作っています。ここでは、食生活が健康に与える影響と食品表示の関係について考えます。

### （1）生活習慣病とは

不適切な食生活、運動不足、休養不足、喫煙、過度の飲酒といった生活習慣が、病気の発症や進行に強く関連する疾患を総称して生活習慣病といいます。

具体的には、「糖尿病」「高血圧症」「脂質異常症（高脂血症）」、さらにはこれらと関連して起こることの多い「心臓病（心筋梗塞等）」「脳血管疾患（脳梗塞等）」のほか、「高尿酸血症」「歯周病」も生活習慣病といわれています。

### （2）メタボリックシンドロームについて

2008年（平成20年）より特定健康診査（いわゆるメタボ健診）が40歳以上75歳未満の公的医療保険の加入者を対象として義務付けられ、内臓脂肪型肥満対策の必要性が多くの方に知られるところとなりました。

内臓脂肪蓄積に加えて、脂質異常、高血圧、高血糖のうち、いずれか２つに当てはまると、内臓脂肪症候群（メタボリックシンドローム）とされます。

これらの脂質異常、高血圧、高血糖は、１つの症状を抑える（例えば血糖を下げる薬を服用する）だけでは氷山に例えると水面に出た部分を削るだけです。根本的には食生活や運動習慣等の生活の質を改善することによって、「氷山全体を縮小させる（内臓脂肪の量を減らす）」ことが必要です。

内臓脂肪は、皮下脂肪と比較して運動や適切な食事制限によって比較的簡単に落とすことができるとされています。必要なエネルギー量を適切な食材から摂取する食生活はメタボリックシンドロームの解消に不可欠です。

このため、消費者庁では、消費者の健康づくりのための栄養成分表示の活用の促進を図っています。



**図表1　栄養素摂取と主な生活習慣病の関連**

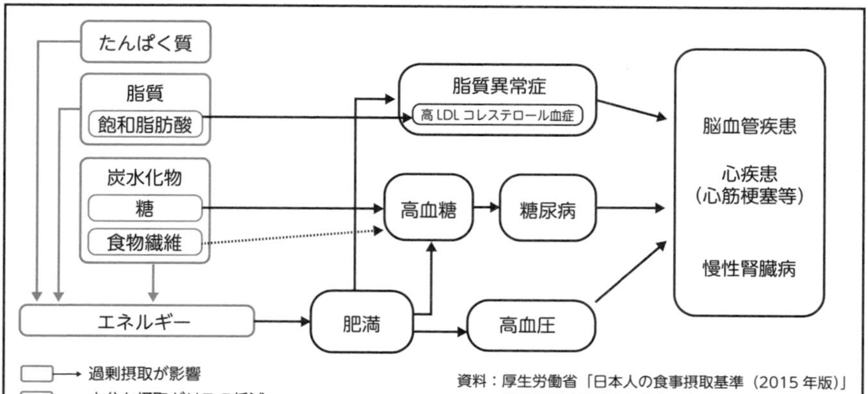


資料：厚生労働省「日本人の食事摂取基準（2015年版）」策定検討会報告書を参考に作成

出典：消費者庁ホームページ『【消費者の方向け】栄養成分表示の活用について』の普及啓発資料を基に作成

## （3）自分の体格は「肥満」「ふつう」「やせ」？

内臓脂肪型肥満かどうかは腹囲で判断しますが、いわゆる肥満や低体重の判定はどのように判断すればよいのでしょうか。

肥満度は、国際的に用いられている体格指標であるBMI（Body Mass Index）で表し、体重（kg）を身長（m）の２乗で割って算出します。

BMI= 体重［kg］÷（身長［m］×身長［m］）

例：身長160cmで55kgの場合のBMI：55 ÷（1.6 × 1.6）=21.5

　：身長170cmで65kgの場合のBMI：65 ÷（1.7 × 1.7）=22.5

WHO（世界保健機関）の基準では、BMIが30以上を肥満としていますが、日本肥満学会が定めた判定基準では、25以上を「肥満」、18.5未満を「低体重（やせ)」、その中間を「普通体重」としています。

日本の20歳以上の者における肥満者の割合は男性33.0%、女性が22.3%となっています。一方で20歳代の女性の20.7%がBMI18.5未満の低体重者であり*、その健康への影響も懸念されているところです。また65歳以上の高齢者のうち、男性の12.4%、女性の20.7%がBMI20以下の、低栄養傾向を示しています。

現在の自分の体格の状況を正しく把握して、摂取するエネルギー量をコントロールし、適正体重を維持することが望まれます。

＊「令和元年　国民健康・栄養調査」（厚生労働省）

（令和2・3年の調査は新型コロナウイルス感染症の影響により中止）

## （4）エネルギー産生栄養素バランス

健康的な食生活を目指す際に、摂取するエネルギー量と同時に考えなくてはならないのは、その内容です。

「たんぱく質」「脂質」「炭水化物」は三大栄養素と呼ばれ、それぞれ、私たちの体の中で大切な働きをします（図表２参照）。さらに、私たちの体内では、たんぱく質は1g当たり4kcal、脂質は9kcal、炭水化物は4kcalの熱量を産生するといわれています。したがって、1日に必要なエネルギーを、この「たんぱく質（Protein）」「脂質（Fat）」「炭水化物（Carbohydrate）」それぞれからバランスよく摂取することが望ましく、そのバランスを「エネルギー産生栄養素バランス」といいます。

## 図表2　三大栄養素の働き

| 栄養素 | 主な働き |
| --- | --- |
| たんぱく質<br>(Protein) | 皮膚・筋肉・血液・酵素・ホルモン等、体の組織になる。 |
| 脂質<br>(Fat) | 脂肪酸に分解され、エネルギー源となる。<br>ステロイドホルモンや細胞膜の構成成分となる。<br>脂溶性ビタミンの吸収を促す。 |
| 炭水化物<br>(Carbohydrate) | このうちの糖質はブドウ糖に分解され、脳や体のエネルギー源となる。<br>このうちの食物繊維は、腸内環境の改善に役立つ。 |

では、具体的にどのようなバランスが望ましいのでしょうか。「日本人の食事摂取基準（2020年版）」（厚生労働省）によると、たんぱく質には年齢別に推定平均必要量が算定されていることから、それを満たす量を摂取した場合に結果的に得られるエネルギー量を13～20%として、このほかに脂質から20～30%、残る50～65%のエネルギーを炭水化物から得ることが望ましいとされています。

容器包装された加工食品には栄養成分表示が義務付けられています。この表示には、その商品に含まれる「エネルギー（熱量）、たんぱく質、脂質、炭水化物、（食塩相当量に換算した）ナトリウム」の量が示されているので、食べた商品の量から計算して摂取した栄養素それぞれの量を知ることができます。

年齢、性別、身体活動レベルによって、個々人の必要なエネルギーの総量やバランスは異なりますが、摂取したエネルギー量が必要量より多ければ体重が増え、少なければ減るという関係から、自分に適した量を意識した食生活を送ることが大切です。

### （5）野菜の摂取量や食塩相当量

ビタミンやミネラルのように微量でも日々摂取するべき栄養素もあります。これらをバランスよく食事からとるため、厚生労働省が推奨する「健康日本21」の考え方においては、野菜を1日当たり350g程度食べることが望ましいとされていますが、統計*によると、国民1人当たりの野菜摂取量の平均値は280.5gであり、野菜をたっぷりとることを意識しないと、望ましい量にはならないことがわかります。

また、「日本人の食事摂取基準（2020年）」において食塩摂取量については、食塩相当量として15歳以上の男性で年齢別に1日7.5～8g未満、女性で6.5～7g未満を目標としています。同じ統計によると、食塩摂取量の平均値は男性10.9g、女性9.3gと、こちらも目標には達していません。

食品表示基準では、一般用加工食品及び添加物に栄養成分表示が義務化され、食塩相当量が表示されていることから、自分自身が1日に摂取した食塩相当量を計算しやすくなりました。食品表示を活用して、食塩摂取量の目標を達成することが望まれます。

＊「令和元年　国民健康・栄養調査」（厚生労働省）

## 3 表示を活用した食品選び

ここまで見てきたように、食生活は健康に密接に結び付いており、質・量ともに自分自身にあったバランスのよい食事を摂取していくことが大切です。

また、消費者庁では義務化された栄養成分表示を活用して健康づくりに役立ててもらうことを目的とした消費者向けの普及啓発資料を作成し、ホームページで公開しています。現在の栄養成分等の摂取状況を、生活習慣病予防や健康増進のための目標とする形に近づけていくことを狙いとして、「栄養成分表示の内容と活用方法」をはじめ、「適正体重の維持」「食事の質の見直し」「減塩」「高齢者の低栄養予防」の5つのテーマごとに、図表3のようなパッケージに表示された栄養成分表示の活用方法を紹介しています。

## 図表3　食事の質の見直し

**ポイント　栄養的な特徴の違う食品を組み合わせて、選ぶ**

炭水化物を多く含む食品と良質のたんぱく質を多く含む食品を組み合わせて選びます。
その際、脂質のとり過ぎに気を付けます。

●主食の穀類に、良質のたんぱく質を多く含む食品を組み合わせて選びます

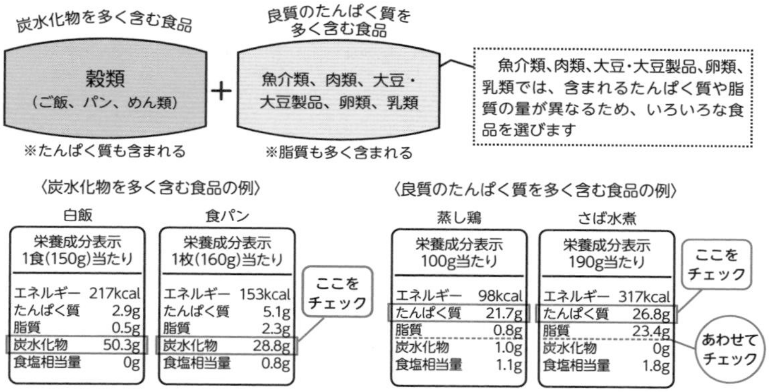


出典：消費者庁ホームページ『【消費者の方向け】栄養成分表示の活用について』の普及啓発資料を基に作成

高齢化が進む日本では、健康寿命の延長のためにも生活習慣病予防や健康増進と栄養素の関係を理解し、栄養成分表示を活用することが、ますます重要となっています。

# 6-2 食育について

## 1 食育とは

国民一人ひとりが「食」に関して信頼できる情報に基づく適切な判断を行う能力を身に付ければ、健全な食生活ができるようになります。

この食に関する判断力を伸ばすことを含め、健康で文化的な国民の生活と豊かで活力ある社会の実現に寄与することを目的とした「食育基本法」が、2005年（平成17年）に制定されています。その中で「食育」は、次のように位置付けられ、あらゆる世代の国民に必要なものとされています。中でも、子供たちへの食育は、生涯にわたって健全な心と身体を培い豊かな人間性を育んでいく基礎となるものとして重要視されています。

①生きる上での基本であって、知育、徳育及び体育の基礎となるべきもの
②さまざまな経験を通じて「食」に関する知識と「食」を選択する力を習得し、健全な食生活を実践することができる人間を育てること

また、食育は、心身の健康の増進と豊かな人間形成のために、食に関する知識や食を選択する力を身に付け、健全な食生活を実践することができる人間を育てることであり、「規則正しい食生活や栄養バランスのとれた食事などの実践」「食を通じたコミュニケーションやマナー、あいさつなどの食に関する基礎を身に付ける」「自然の恵みへの感謝や伝統的な食文化などへの理解を深める」などが含まれます。

また、温室効果ガスなどの地球環境問題の深刻化から、第４次食育推進基本計画では、「環境への配慮や産地・生産者を意識すること」などの持続可能な食を支える食育の推進が重点事項の１つとされ、若い世代での関心も高まって

います。ただし、2021年（令和3年）11～12月に実施された農林水産省「食育に関する意識調査」では、有機JASマークなどの貼付された「環境への配慮に関する表示があるもの」を選んでいる人は、国産品や地場産物を選んでいる人に比べると少ない状況となっており、このような視点からは、表示を見て食品を選択したり、食事の内容を決定したりする大人世代への食育（啓発）も重要と考えられます。

## 2　毎日の食卓をより健康的なものにするために

### 【食事バランスガイド】

「食事バランスガイド」は、健康な毎日を送るために1日に「何を」「どれだけ」食べたらよいかの目安をわかりやすくイラストで示したもので、厚生労働省と農林水産省が「食生活指針」*を具体的な行動に結び付けるものとして2005年（平成17年）に作成しました。

＊「食生活指針」（2000年3月文部省・厚生省・農林水産省決定、2016年6月一部改正）

「食事バランスガイド」は「コマ」をイメージしており、食事内容の組み立てが悪くなると倒れてしまうということ、回転（運動）することによって安定して回り続けることができることを表し、誰もが食事のバランスの大切さを感覚的に把握することができるようにデザインされています。

バランスを考える手段として、料理・食品を5グループに分類し、上から、
①主食（ごはん、パン、麺）
②副菜（野菜、きのこ、いも、海藻等を主な材料とする料理）
③主菜（肉、魚、卵、大豆等を主な材料とする料理）
④牛乳・乳製品
⑤果物
の順に重ねて、逆三角形のコマの形を作ります。これは上のグループほど多くの摂取が必要で、下に行くほど少量でもよいことを表しています。コマの形をバランスよく保つことで、食品のグループとそれぞれの摂取量をコントロールすることができます。

なお、食事バランスガイドの考え方のもととなった「食生活指針」は、国民

の健康の増進、生活の質（QOL）の向上及び食料の安定供給の確保を図ることを目的としたもので、「食」に関する理解を深め、食生活全体を見直すことを勧めています。

また、日常生活において、食事バランスガイドを参考に主食、副菜、主菜などの食品を選び、実際の３大栄養素や食塩相当量の摂取状況については、栄養成分表示を活用して確認することで、食事の質の向上が図れる仕組みとなっています。

### 〈食事バランスガイド〉

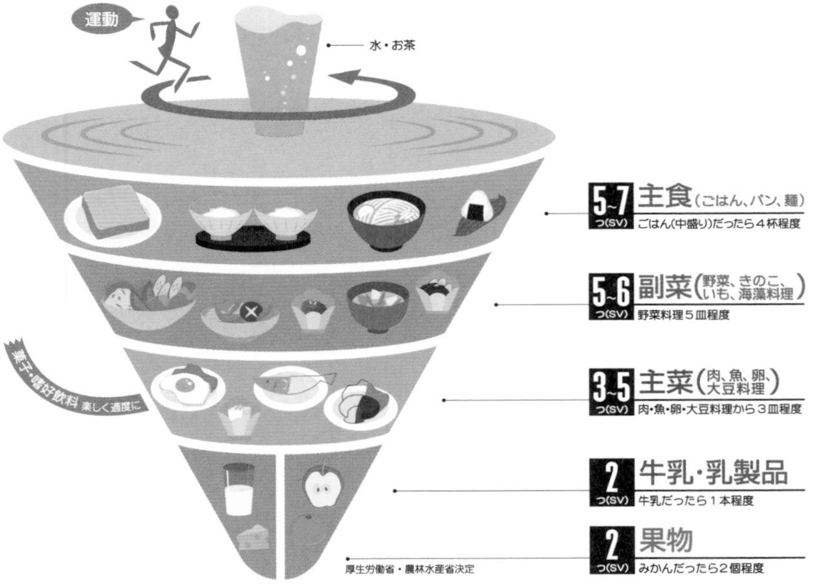


具体的に１日に必要な食事の量と質は、その人の年齢や性別、平均的な運動（作業）量等によって違い、具体的には前述のBMIが、肥満でも痩せでもない状態を恒常的に維持し続けることができる量がその人にとっての必要量となります。食事バランスガイドを活かして、バランスよく必要な量の栄養を摂取することが大切です。

# 6-3 日本や世界の食料事情を学ぶ

## 1 横ばい傾向にある日本の食料自給率

食料自給率とは、その国で消費される食料がどのくらい国内で生産されているかを示す指標です。

一般的に米・麦等、品目別の自給率については、食料の重量そのものの比率で表す重量ベースで算出します。一方、食料全体を総合的に計算するには、食料の価格を用いる生産額ベース、又は食料に含まれる熱量を用いるカロリーベースで算出します。

2022年度（令和4年度）の日本の食料自給率は、カロリーベースで38%、生産額ベースで58%となっており、長期的に低下傾向となっていますが、2000年以降はほぼ横ばいで推移しています。

主な先進国のカロリーベースの食料自給率を比較すると図表1のようになり、日本の食料自給率は、現在、主要先進国の中で最低水準となっていることがわかります。

図表1 国別の食料自給率（カロリーベース）＊

| 日本 | スイス | イタリア | イギリス | ドイツ | フランス | オーストラリア | アメリカ | カナダ |
|---|---|---|---|---|---|---|---|---|
| 38% | 49% | 58% | 54% | 84% | 117% | 173% | 115% | 221% |

出典：農林水産省「食料需給表」（令和4年）より、FAO “Food Balance Sheets” 等を基に農林水産省で試算。（アルコール類等は含まない。）

＊日本については2022年度、諸外国については2020年度のデータ。

また、食料の自給率の向上に関する法律には、農林水産省が1999年（平成11年）に公布した「食料・農業・農村基本法」があります。この法律は、国内の農業生産の増大を図ることを基本とし、これと輸入及び備蓄とを適切に組み合わせることにより食料の安定的な供給を確保することとしています。

なお、近年、新型コロナウイルスの感染拡大やロシアによるウクライナ侵攻といった新たなリスクの発生により、小麦などの食料の安定供給が困難となる事態が発生しており、凶作や輸入の途絶等の事態が生じた場合の対策として、不測時における「食料安全保障」への関心が国際的にも高まっています。現在、食料・農業・農村基本法における食料安全保障について、検証・見直し作業が進められています。

図表2　食料の安定供給の確保・向上の取組み

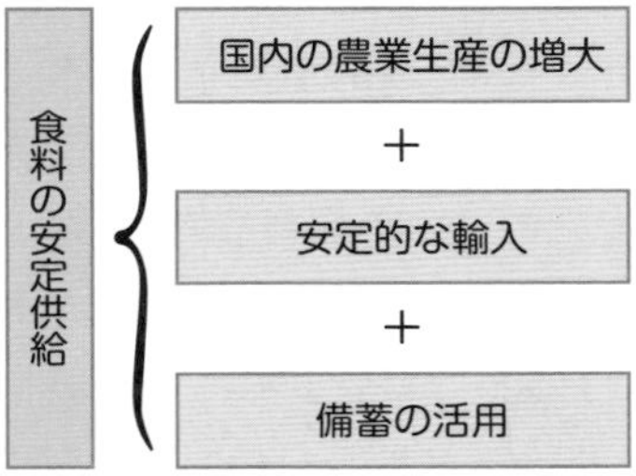


出典：農林水産省ホームページ「食料安全保障について」より

小売店で手に取る食品やその原材料がどこから来たのかは、生鮮食品であれば「原産地表示」、製品輸入された加工食品の場合は「原産国表示」、国内で生産された加工食品の場合は、「原料原産地表示」で確認することができます。毎日の生活の中で、自分が食べるものがどこで生産されたのかを考えることも大切です。

## 2　見過ごせない食品ロス

### （1）食品リサイクル法

食品廃棄物には、加工食品の製造段階で分別される不可食部分（除去された皮や骨、絞りかすなど）のほか、食品として流通してからの売れ残り、また、外食店での調理くずや食べ残し、さらには家庭での調理くずや食べ切れないものなどが含まれます。

これまでも、一部は家畜の飼料や肥料などへの再生利用がなされてきましたが、焼却や埋め立て処分されているものも多くありました。そこで、2000年（平成12年）に食品関連事業者（製造業者、流通業者、外食業者）の食品廃棄物を対象に「食品循環資源の再生利用等の促進に関する法律（食品リサイクル法）」が制定され、食品廃棄物の発生抑制や、飼料や肥料への再生利用、それが困難な場合は熱エネルギー回収のための燃料としての利用などの取り組みが行われるようになりました。

この取り組みの結果、食品関連事業者から最終的に焼却や埋め立て処理などにまわされる食品廃棄物の量は減少傾向にあります。

ただ、この法令は一般家庭から出る食品廃棄物は対象としておらず、家庭からは一般のゴミとして排出され、そのほとんどが焼却・埋め立て処理されています。消費者一人ひとりが食品を無駄に捨てることのないよう、心掛けていく必要があります。

### （2）食品ロスとは

食品ロスとは、本来食べられるにもかかわらず捨てられる食品をいいます。

外食店や家庭での食べ残し、野菜の皮など工夫次第では食べられる部分を過剰に除去した分のほか、流通段階や家庭で賞味期限切れなどを理由に返品や廃棄され、食品ロスが発生しています。

**図表3　食品ロスの推計結果の推移**

| | 事業系食品ロス | 家庭系食品ロス | 食品ロス（合計） |
|---|---|---|---|
| 2017年度（平成29年度） | 328万トン | 284万トン | 612万トン |
| 2018年度（平成30年度） | 324万トン | 276万トン | 600万トン |
| 2019年度（令和元年度） | 309万トン | 261万トン | 570万トン |

| | 事業系食品ロス | 家庭系食品ロス | 食品ロス（合計） |
|---|---|---|---|
| 2020 年度（令和２年度） | 275 万トン | 247 万トン | 522 万トン |
| 2021 年度（令和３年度） | 279 万トン | 244 万トン | 523 万トン |

出典：農林水産省ホームページ「食品ロス及びリサイクルをめぐる情勢」（令和５年６月時点版）

食品ロスは、食料の生産に利用された土地、水、エネルギー、及び生産従事者の人的資源をも無駄にすることであり、環境に余計な負荷をかけていることにもなります。地球規模で考えても、将来に向けて何らかの解決が必要な問題です。

### （３）消費者の意識が食品ロスの削減につながる

2015 年の国連サミットで採択された「持続可能な開発のための 2030 アジェンダ」においても、食料の損失・廃棄の削減が目標の１つに設定されています。また、2019 年には食品ロスの削減を国民運動として総合的に推進することを目的とした、食品ロス削減推進法が成立しました。

各家庭で出た食品廃棄物を産業としてリサイクルすることは難しいため、「食品ロス」という問題があることを消費者一人ひとりが意識して、各家庭で食品ロスを出さないようにすることが望まれます。買い物の際は家庭で必要な分量だけを、購入してすぐ食べる場合は「てまえどり」で購入し、表示されている保存方法に沿って保管し、消費期限や賞味期限を参考にしながら家庭で無駄なく使い切ることを目指すことは、取り組みの第一歩となります。

一方、製造業などの取組みとして、農林水産省では食品ロスを発生させないため、賞味期限の年月日について年月表示や日まとめ表示（年月日表示のまま、日の表示を例えば 10 日単位で統一）といった大括り化を推進しています。これにより、納品が適正化され食品ロスの発生を抑制するのみならず、物流における管理作業の効率化にもつながることから、フードサプライチェーン全体での効果が期待されています。

このように、企業とともに消費者が食品ロスに対する認識を深め、その削減に向けて協力することは重要なことです。

Column 3

## 世界の食文化について

コロナ禍前の2019年の時点で、訪日する外国人の旅行者数は3188万人、在留外国人293万人となり、日本国内で販売される食品にも、諸外国の食文化に対応したものが見られるようになりました。観光庁では、外国人の食文化・食習慣を国別・宗教別・嗜好別に整理を行い、2008年（平成20年）に外国人のお客様に日本での食事を楽しんでもらうことを目的とした「多様な食文化・食習慣を有する外国人客への対応マニュアル」を作成しています。

これらは、食の多様性を考えたとき、気候風土や地域で取れる食材の違いなどから生まれる食の多様性のほかにも、グローバル化する社会を背景に、さまざまな食に対する嗜好性や宗教によって規制される食品に配慮することが必要な時代に突入していることを意味しているのではないでしょうか。

まず、宗教による食の多様性について考えてみましょう。

日本の代表としては、禅宗（仏教）の「精進料理」がすぐに思い浮かべられるのではないでしょうか。これは、動物性の食材と五葷《こくん》と呼ばれるネギ属ネギ科の植物（ニンニク、ニラ、ラッキョウ、ネギ等）を避けて作られた料理です。

イスラム教では、宗教で規制されている食品として豚やアルコールが知られていますが、そのほかにもウロコのない魚については食べられるか食べられないかが宗派によって異なる場合があります。最近ではこれらの食材を除いた「ハラールフード」もよく見かけるようになりました。ヒンドゥー教や一部の仏教では五葷、モルモン教ではカフェイン入りの飲料（コーヒー、緑茶、紅茶）、アルコールについて規制しています。また、食の組み合わせを規制している場合もあります。ユダヤ教では、お腹の中で乳製品と肉料理が一緒になることを禁止しているために、乳製品と肉料理を組み合わせたメニューは食べることができません。

皆さんも耳にすることが多い「ベジタリアン」に関しては、宗教上のベジタリアンと、個人の食の嗜好によるベジタリアンに分かれ、多様化しています。例えば、宗教上の理由によるベジタリアンであるヒンドゥー教徒は乳製品を多くとる傾向が強いとされていますが、ベジタリアンの中には、「牛乳」「クリーム」「バター」「チーズ」といった乳製品を食べない完全菜食主義のヴィーガン（Vegan）と呼ばれる方もいます。また、主要100か国·地域におけるベジタリアン及びヴィーガンの人口は、約6.5億人（2018年）となっており、これらの方々が安心して食品を選べるよう、「ベジタリアン又はヴィーガンに適した加工食品」と「ベジタリアン又はヴィーガン料理を提供する飲食店等の管理方法」の日本農林規格（JAS）が、2022年（令和4年）9月に制定されました。

外国人観光客や在留外国人に食品を提供したり、生鮮食品などの食品を海外へ輸出する際には、これらの多様な食文化を理解し、表示への配慮や情報提供ができるように心がけたいものです。

# 資料編

# 原料原産地表示について、<br>個別ルールのある食品（22の食品群と5品目）<br>（食品表示基準　別表第15に該当するもの）

【1】22の食品群

国内で製造、加工された（1）から（22）までの食品であって、原材料及び添加物に占める単一の農畜水産物の重量の割合が50％以上である場合、その生鮮食品の原産地名を、原料原産地として**国別重量順**に表示します。ただし、（5）緑茶及び緑茶飲料にあっては、荒茶の生産地を、（8）の黒糖及び黒糖加工品にあっては、さとうきびの生産地を、（9）のこんにゃくにあっては、こんにゃくいもの生産地を表示します。

なお、原材料及び添加物に占める重量の割合が50％以上となる生鮮食品の原材料がない場合は、この【1】には該当しませんが、その製品の中で最も重量の割合の高い原材料（対象原材料）の原産地を原料原産地として表示します。この場合は、国別重量順を原則としますが、例外表示も認められています。

| | | |
|---|---|---|
| （1） | 乾燥きのこ類、乾燥野菜及び乾燥果実（フレーク状又は粉末状にしたものを除く。） | 対象品目例 乾しいたけ、乾燥きくらげ、乾燥スイートコーン、かんぴょう、切り干し大根、乾燥ぜんまい、干し柿、干しぶどう、干しあんず、干しバナナ、乾燥ねぎ、かんしょ蒸し切り干し（干しいも）、乾燥野菜ミックス（原材料及び添加物に占める重量の割合が50％以上を占めるものがある場合）<br>補足説明 ●干しいもや蒸干し大根のように生鮮野菜を加熱してから干したものを含む。 |

| | | |
|---|---|---|
| (2) | 塩蔵したきのこ類、塩蔵野菜及び塩蔵果実（農産物漬物を除く。） | 対象品目例 塩蔵きのこ、塩蔵ぜんまい、塩蔵山菜ミックス（塩を除いた原材料で、単一で原材料及び添加物に占める重量の割合が50%以上の原材料がある場合）<br>補足説明 ●「塩蔵したきのこ類、塩蔵野菜及び塩蔵果実」とは、保存性を高める等の目的で、湯通しし又はせずに食塩又は食塩水に漬けたものをいう。<br>●塩以外に添加物等を使用したもの、乾燥品を水戻しして塩蔵したものや、ブランチングしてから塩蔵したものであっても「塩蔵したきのこ類、塩蔵野菜及び塩蔵果実」とみなされるものを含む。 |
| (3) | ゆで、又は蒸したきのこ類、野菜及び豆類並びにあん（缶詰、瓶詰及びレトルトパウチ食品に該当するものを除く。） | 対象品目例 ゆで、又は蒸したきのこ類、野菜及び豆類並びにあん（缶詰、瓶詰及びレトルトパウチ食品に該当するものを除く。）<br>補足説明 ●「ゆで、又は蒸した」とは、湯通し（ブランチング）のほか、水又は湯による素ゆで、塩を加えた塩ゆで、蒸気による蒸し等を施すことをいう。<br>●塩以外にしょうゆ等が加えられたものであっても、外見上、単にゆでたり蒸したりしただけのものとみなされるものを含む。<br>●砂糖で調味しているあんは該当しない。 |
| (4) | 異種混合したカット野菜、異種混合したカット果実その他野菜、果実及びきのこ類を異種混合したもの（切断せずに詰め合わせたものを除く。） | 対象品目例 カット野菜ミックス、野菜サラダ、カットフルーツミックス（生鮮食品のみで構成されたもので、単一で原材料及び添加物に占める重量の割合が50%以上を占める原材料がある場合）<br>補足説明 ●ドレッシング等の小袋が添付されている場合を含む。<br>●ゆでたブロッコリーなどの加工食品を加えたものは該当しない。 |
| (5) | 緑茶及び緑茶飲料 | 対象品目例 煎茶、玉露、番茶、ほうじ茶、抹茶、粉末茶、玄米茶、インスタントティー（茶葉以外の原材料がある場合は、製品の重量に占める茶葉の割合が50%以上のもの）、緑茶飲料<br>補足説明 ●「緑茶」とは、茶葉（一部茎も含む。）を蒸熱又は釜炒り等の方法により茶葉中の酵素を失活させた後、飲食用に供せられる状態に製造したものとし、一般に緑茶であると認識されているものをいう。 |

| | | |
|---|---|---|
| (6) | もち | 対象品目例 まるもち、のしもち、切りもち、鏡餅、草もち、豆もち（もち米のみで、又はもち米に米粉、とうもろこしでん粉等を加えて製造したもののうち、製品の重量に占めるもち米の割合が50%以上のもの）<br>補足説明 ●よもぎや豆等の副原材料を加えて製造したものを含む。（副原材料の重量の割合が50%を超える場合は該当しない。）<br>●砂糖等で調味しているものやあんを入れたものは和菓子に相当し、もちには該当しない。（例：大福もち、かしわもち）<br>●対象となるもちに使用された50%未満の米粉などの原材料及び、もち米の割合が50%未満のもちの原材料については、米トレーサビリティ法により、米穀等の産地情報の伝達が必要となる。 |
| (7) | いりさや落花生、いり落花生、あげ落花生及びいり豆類 | 対象品目例 素炒りした落花生（さやつき、さやなし）、素炒りした大豆、素炒りしたそらまめ、味付け落花生、油であげて塩味等を付けた落花生（バターピーナッツ）<br>補足説明 ●炒った豆類に塩味を付けたもの、生の落花生を塩水に浸漬した後、炒ったものを含む。 |
| (8) | 黒糖及び黒糖加工品 | 対象品目例 黒砂糖、黒糖みつ、黒糖菓子、加工黒糖（製品の原材料及び添加物に占める黒糖の重量の割合が50%以上のもの）<br>補足説明 ●「黒糖」（「黒砂糖」）とは、さとうきびの搾り汁に中和、沈殿等による不純物の除去を行い、煮沸による濃縮を行った後、糖みつ分の分離等の加工を行わずに、冷却して製造した砂糖で、固形又は粉末状のものをいう。 |
| (9) | こんにゃく | 対象品目例 板こんにゃく、玉こんにゃく、さしみこんにゃく、糸こんにゃく、しらたき（製品に占めるこんにゃく生いも又はこんにゃく粉の割合が50%以上のもの）<br>補足説明 ●青のり、ごま、ゆず、しそ等の副原料を加えて製造したものを含む。 |
| (10) | 調味した食肉（加熱調理したもの及び調理冷凍食品に該当するものを除く。） | 対象品目例 塩・こしょうした牛タン、焼き肉のタレに漬けた味付けカルビ、生姜焼きのタレをかけた豚肉、サイコロステーキにタレをかけたもの、挽肉に食塩や香辛料のみを加えて固めた生ハンバーグ、複数の畜種の食肉を混合したものに調味液をかけたもの（原材料及び添加物のうち、重量で50%以上を占める畜種の食肉がある場合）<br>補足説明 ●生又は解凍した食肉に、塩、こしょう、しょうゆ、みそ、タレ等をまぶしたり、漬けたりしたもの。<br>●調味液にネギ、玉ねぎ、いんげん等の野菜が含まれるものを含む。（具材として野菜が入っているものは対象外）<br>●ハンバーグで玉ねぎやパン粉などのつなぎを加えたものは該当しない。 |

| | | | |
|---|---|---|---|
| （11） | ゆで、又は蒸した食肉及び食用鳥卵（缶詰、瓶詰及びレトルトパウチ食品に該当するものを除く。） | 対象品目例 | ゆでた牛モツ、蒸し鶏、ゆで卵、温泉卵、うずらの卵等の水煮製品、複数の畜種の食肉を混合してからゆでたもの（原材料及び添加物のうち、重量で50%以上を占める畜種の食肉がある場合） |
| | | 補足説明 | ●「ゆで、又は蒸した」とは、湯通し（ブランチング）、水又は湯による素ゆで、塩を加えた塩ゆで、蒸気による蒸し等を施すことをいう。<br>●塩以外にしょうゆ等が加えられたものであっても、外見上、単にゆでたり蒸したりしただけとみなされるものを含む。<br>●遠赤外線での加熱やスチーム噴射で製造したものを含む。 |
| （12） | 表面をあぶった食肉 | 対象品目例 | 鶏のささみの表面をあぶったもの、牛肉のたたき |
| | | 補足説明 | ●食肉の表面をあぶり、刺身のように生食感覚で食べられるようにしたもので、たれをかけていないもの。●肉の内部までは火が通っていないものが対象のため、焼き豚、ローストビーフは該当しない。 |
| （13） | フライ種として衣を付けた食肉（加熱調理したもの及び調理冷凍食品に該当するものを除く。） | 対象品目例 | 衣を付けた豚カツ用の食肉、衣をまぶした鶏の唐揚げ用の鶏肉、フライ種として衣を付けた複数の畜種の食肉の盛り合わせ（原材料及び添加物のうち重量の割合が50%以上を占める畜種の原材料がある場合） |
| | | 補足説明 | ●生又は解凍した食肉に、フライ用に衣を付けたり、まぶしたりしたもので、衣を付ける前に下味付けしたもの、衣に味付けしたもの、衣を付けた後にプリフライしたものを含む。<br>●チーズやしそのような肉以外の食品を混ぜたものや、衣の重量が50%を超えるものは該当しない。 |
| （14） | 合挽肉その他異種混合した食肉（肉塊又は挽肉を容器に詰め、成型したものを含む。） | 対象品目例 | 合挽肉（複数の畜種の生鮮食肉を挽肉にしたもの）、成型肉（サイコロステーキ）、異なる畜種の食肉の盛り合わせ（原材料及び添加物に占める重量の割合が50%以上を占める原材料がある場合） |
| | | 補足説明 | ●「肉塊又は挽肉を容器に詰め、成型したもの」とは、畜種が単一であるか、複数であるかにかかわらず、食肉を加工し成型したサイコロステーキ等をいう。<br>●個包装のタレを添付してあるものを含む。 |

| | | |
|---|---|---|
| (15) | 素干魚介類、塩干魚介類、煮干魚介類及びこんぶ、干のり、焼きのりその他干した海藻類（細切若しくは細刻したもの又は粉末状にしたものを除く。） | 対象品目例 素干魚介類:みがきにしん、干かずのこ、素干いわし、干たら、するめ<br>塩干魚介類：干にしん、丸干いわし、開さば、開あじ、開さんま<br>煮干魚介類：煮干いわし、しらす干し、干ほたて貝柱、干あわび<br>こんぶ、干のり、焼きのり、味付けのり、干わかめ、干ひじき、干あらめ、乾燥海藻類のみを混合した海藻サラダ<br>補足説明 ●「素干魚介類」とは、魚介類をそのまま、又はえらや内臓を除去し、丸のまま、若しくは背開きや腹開き等の処理後、そのまま乾燥させたものをいう。<br>●「塩干魚介類」とは、塩蔵した魚介類を干したものをいう。<br>●「煮干魚介類」とは、魚介類をゆでた後、乾燥させたものをいう。<br>●これらを細切りにしたものや、焼いてから乾燥させたもの、調味液に漬けてから乾燥させたもの、干した後に表面をあぶったものは該当しない。 |
| (16) | 塩蔵魚介類及び塩蔵海藻類 | 対象品目例 塩さば、塩さんま、塩かずのこ、塩たらこ、すじこ、いくら、塩うに、塩わかめ、塩蔵したうみぶどう<br>補足説明 ●調味料（アミノ酸等）、発色剤等の添加物を使用したものであっても、最終製品が「塩蔵魚介類及び塩蔵海藻類」である場合を含む。 |
| (17) | 調味した魚介類及び海藻類（加熱調理したもの及び調理冷凍食品に該当するもの並びに缶詰、瓶詰及びレトルトパウチ食品に該当するものを除く。） | 対象品目例 まぐろ醤油漬け、いくら醤油漬け、あまだいのみそ漬け、しめさば（塩さばを原料とする場合を除く。）、ままかり、もずく酢、あこうだいの粕漬け、食用油脂を加えたまぐろのすき身、めかぶを湯通ししてから細切し調味液に漬けた味付けめかぶ<br>補足説明 ●生又は解凍した魚介類及び海藻類を、しょうゆ、酒、みそ等の調味料に漬けたものをいう。<br>●湯通し（ブランチング）を行ってから調味したものを含む。<br>●発酵製品（塩辛等）は該当しない。 |
| (18) | こんぶ巻 | 対象品目例 こんぶ巻、にしんこんぶ巻、鮭こんぶ巻、ほたてこんぶ巻（水で戻した状態の昆布の重量が、製品の原材料及び添加物に占める割合において 50%以上のもの）<br>補足説明 ●こんぶ巻とは、昆布又は水に戻した干し昆布を原料として、中芯に具材を入れ、又は入れないで昆布で巻き、かんぴょう等で結び煮付けたものをいう。 |

| | | |
|---|---|---|
| (19) | ゆで、又は蒸した魚介類及び海藻類（缶詰、瓶詰及びレトルトパウチ食品に該当するものを除く。） | 対象品目例　ゆでだこ、ゆでかに、ゆでしゃこ、ゆでほたて、釜揚げしらす、釜揚げさくらえび、蒸しだこ、ふぐ皮の湯引き、皮をそらせて形を整えるために湯通ししたたい（たいの霜皮づくり）、短時間の湯通しを行い殻を開けてむき身を取り出したあさり<br>補足説明　●「ゆで、又は蒸した」とは、湯通し（ブランチング）、水又は湯による素ゆで、塩を加えた塩ゆで、蒸気による蒸し等を施すことをいう。<br>●ゆでた後に味付け程度に塩をふったもの、ミョウバン等の添加物を加えて加熱したものを含む。 |
| (20) | 表面をあぶった魚介類 | 対象品目例　かつおのたたき、尾部（及び殻）のみをバーナーで短時間加熱し赤変させた大正えび（内部まで火の通っているものを除く。）<br>補足説明　●魚介類の表面をあぶって、刺身のように生食感覚で食べられるようにしたもので、魚介類の内部までは火が通っていないものをいう。<br>●かつおのたたきの場合は、たれをかけていないもの。 |
| (21) | フライ種として衣を付けた魚介類（加熱調理したもの及び調理冷凍食品に該当するものを除く。） | 対象品目例　カキフライ用のカキ、ムニエル用のたちうお、フライ種として衣を付けた魚介類同士の盛り合わせ（原材料及び添加物のうち重量の割合が50%以上を占める単一の魚介類がある場合）<br>補足説明　●生又は解凍した魚介類に、フライ用に衣を付けたり、まぶしたりしたもので、下味付けしたもの、ブランチングを行った後に衣を付けたもの、刻みねぎ入りの衣や、衣に味付けしたものを含む。<br>●衣の重量が50%を超えるものは該当しない。 |
| (22) | （4）又は（14）に掲げるもののほか、生鮮食品を異種混合したもの（切断せずに詰め合わせたものを除く。） | 対象品目例　鍋物用の生鮮食品盛り合わせ、焼き鳥用に鶏肉とねぎを串にさしたもの（ねぎま串）、まぐろのすき身と生鮮のネギを混合したまぐろのたたき（生鮮食品のみで構成されたもので、単一で重量の割合が50%以上を占める原材料がある場合）<br>補足説明　●まぐろのすき身にネギと食用油脂を加えたものは該当しない。 |



【2】農産物漬物

内容量が300 gを超える製品にあっては、原材料及び添加物の重量に占める割合の上位4位まで、300 g以下の製品にあっては、上位3位までの原材料であって、かつ、原材料及び添加物の重量の5％以上を占める原材料の原産地名を、原材料名に対応させて国別重量順に表示します。

| | | |
|---|---|---|
| 農産物漬物 | 対象品目例 | 農産物ぬか漬け類、たくあん漬け、農産物しょうゆ漬け類、ふくじん漬け、農産物かす漬け類、なら漬け、わさび漬け、らっきょう酢漬け、しょうが酢漬け、農産物塩漬け類、梅漬け、梅干し、農産物からし漬け類、農産物こうじ漬け類、べったら漬け、農産物もろみ漬け類 |
| | 補足説明 | ●農産物のみ、あるいは農産物と水産物を漬けたもののうち水産物の使用量が農産物の使用量より少ないものが対象となる。 |

【3】野菜冷凍食品

原材料及び添加物の重量に占める割合の上位3位までの原材料であって、かつ、原材料及び添加物の重量の5％以上を占める原材料の原産地名を、原材料名に対応させて国別重量順に表示します。

| | | |
|---|---|---|
| 野菜冷凍食品 | 対象品目例 | 冷凍ブロッコリー、冷凍ホウレンソウ、冷凍ミックスベジタブル |
| | 補足説明 | ●野菜に選別、洗浄、不可食部分の除去及び整形等の前処理及びブランチングを行ったものを凍結したものが対象となる。 |

【4】うなぎ加工品

うなぎの名称の次に、括弧を付してうなぎの原産地を「国産」(又は「○県」等)、「○国」等と表示します。

| | | |
|---|---|---|
| うなぎ加工品 | 対象品目例 | うなぎの蒲焼きや白焼きで長焼き、串焼きのもの |
| | 補足説明 | ●うなぎの蒲焼きなどを細切りにしたものは該当しない。 |

【5】かつお削りぶし

かつおのふしの文字の次に括弧を付して、ふしの原産地について、国内で製造された場合は「国内製造」(又は「○県製造」等)、輸入品にあっては、その製造国を「○国製造」と表示します。

| | |
|---|---|
| かつお削りぶし | 対象品目例 花かつお、かつお削りぶし<br>補足説明 2017年（平成29年）9月の食品表示基準の改正以降はかつおのふしの製造地を「～製造」と表示する。 |

【6】おにぎり（に使用されている「のり」）*

おにぎりに使用されているのりの名称の次に括弧を付して、のりの原料となる原そうの原産地を、「のり（原そう（国産））」のように表示します。国産である場合は「国産」（又は「○○海産」「○県産」等）、輸入品にあっては「○国産」と表示します。また商品の特性としてのりと原そうの産地は同一であることから「のり（国産）」と表示することもできます。

＊【6】は、2017年（平成29年）の食品表示基準改正により追加となった個別の品目。

| | |
|---|---|
| おにぎり（米飯類を巻く目的でのりを原材料として使用しているものに限る。） | 対象品目例 おにぎりをフィルムなどで包んで販売するもの（米飯類を巻く目的でのりを添付しているものや、すでにのりを巻いてあるもの）、おにぎりだけを容器包装して販売するもの<br>補足説明 ●のりを使用していても、巻き寿司として認識されるものや、おにぎりとおかずを一緒に容器包装に入れたおにぎり弁当は該当しない。<br>●おにぎりの米飯については、米トレーサビリティ法により産地情報の伝達が必要となる。 |

# 索　引

## 【改訂８版　初級テキスト　監修者】（五十音順）

**小風　茂**
（小風技術士事務所）
〔経歴・資格等〕
農林水産省 総合食料局 食品産業企画課長、消費・安全局 総務課長、消費・安全局長、
技術士（農業部門、総合技術監理部門）、技術士（CPD 認定）、
公害防止管理者（水質関係第１種）、消費生活アドバイザー

**湯川　剛一郎**
（一般社団法人 食品表示検定協会 理事長）
〔経歴・資格等〕
技術士（農業部門（農芸化学）、総合技術監理部門）
独立行政法人 農林水産消費技術センター（現農林水産消費安全技術センター）理事、
東京海洋大学大学院 食品流通安全管理専攻 教授、
一般財団法人 日本食品分析センター 監事（2023 年 6 月～）、
消費者庁「食品のインターネット販売における情報提供の在り方懇談会」座長（2016 年度）、
同「遺伝子組換え表示制度に関する検討会」座長（2018 年度）、
内閣府 消費者委員会 食品表示部会委員（2021 年 11 月～ 2023 年 8 月）、
「食品表示懇談会」座長（2023 年度～）

## 【改訂８版　初級テキスト　執筆者】（五十音順）

**川村　和彦**
（一般社団法人 日本果汁協会 専務理事）
〔経歴・資格等〕
農林水産省 食品流通局 品質課 表示企画担当、消費・安全局 上席表示・
規格専門官、
北陸農政局 消費・安全部長、
独立行政法人 農林水産消費安全技術センター 企画調整部長、神戸センター所長

**河本　幸子**
（公益社団法人 農林水産・食品産業技術振興協会 参与）
〔経歴・資格等〕
独立行政法人 農林水産消費安全技術センター 規格検査部長、横浜センター所長、
農林水産省 農林水産研修所 つくば館 館長、
一般社団法人 全国農業改良普及支援協会 普及参事 兼 GAP 推進部長

**齋藤　紀子**
（前・一般財団法人 日本食品分析センター 審査・認証部 JAS 審査課 課長）
〔経歴・資格等〕
JAXA 有人サポート委員会 宇宙食分科会委員（2012 年～ 2018 年）、
厚生労働省 薬事・食品衛生審議会 化学物質安全対策部会委員（2019 年 1 月～）、
管理栄養士

**島﨑　眞人**
（一般社団法人 日本農林規格協会（JAS 協会）専務理事）
〔経歴・資格等〕
農林水産省 消費・安全局 消費者行政・食育課 米穀流通監視室長、
独立行政法人 農林水産消費安全技術センター 規格検査部 規格検査課長

**鈴木　ちはる**
（株式会社ものとか 代表取締役会長）
〔経歴・資格等〕
仙台白百合女子大学 非常勤講師、
独立行政法人 中小企業基盤整備機構 震災復興支援アドバイザー、
株式会社生活品質科学研究所 商品開発サポート部 本部長付、
輸入食品衛生管理者、
ハラール管理者

**天明　英之**
（フード・オフィス・天明 代表）
〔経歴・資格等〕
味の素株式会社 品質保証部 専任部長、
上級食品表示診断士

[編著者]
**一般社団法人 食品表示検定協会**

●設立目的

一般社団法人 食品表示検定協会は、食品表示に関する能力検定制度を通じて食品表示に関する知識の普及・啓発を行うとともに、食品表示に関する知識を有する人材の育成、資質の向上等に関する事業を行うことにより、消費者の健全な食生活の実現並びに食品関連事業者の信頼確保及び業務の円滑化を図ることを目的とします。

●設立日

2009年3月17日

●連絡先
一般社団法人 食品表示検定協会
〒103-0004
東京都中央区東日本橋３丁目12-2　清和ビル５階
TEL：03-6810-9333　FAX：03-6810-9335
ホームページ　https://www.shokuhyoji.jp

**改訂８版　食品表示検定認定テキスト・初級**

2024年１月16日　改訂8版第1刷発行
2024年11月28日　改訂8版第2刷発行

編著者――――一般社団法人 食品表示検定協会
発　売――――ダイヤモンド社
〒150-8409　東京都渋谷区神宮前6-12-17
電話／03·5778·7240（販売）
発　行――――ダイヤモンド・リテイルメディア
〒101-0051　東京都千代田区神田神保町1-6-1タキイ東京ビル
電話／03·5259·5940（編集）
デザイン――――石澤デザイン
製作·印刷·製本――ダイヤモンド・グラフィック社
編集協力――――奥島俊輔、長谷惠利子（一般社団法人 食品表示検定協会）、
小原文子（一般社団法人 食品表示検定協会）
編集担当――――山本純子


ISBN 978-4-478-09088-6